本帮味道的秘密

周彤 著

扉页摄影：郑石明

学林出版社

目 录

前言

记述“老上海的味道”

每个城市都有自己的“味道”，而这种“味道”往往是具有两种含义的：

广义的“味道”，指这座城市的综合文化氛围留给人们的印象；

狭义的“味道”，指这座城市独有的味觉体验留给人们的感受。

不管它是广义的还是狭义的，一座城市的“味道”往往都具备这样的特征——你可以明明白白地切身感受得到它，甚至可以明白无误地分辨出它是不是正宗地道。但就算你是一个土生土长的本地人，你都很难捕捉住它，甚至很难把它清晰地表达出来。

这就是“味道”的神秘之处。这也是各地的味道最有“味道”的地方。

上海这座城市当然也有着它自己的一种独特的味道。

“老上海的味道”这个题目，已经有很多文化工作者做过了，不过他们大多探讨的是广义上的、地域文化层面上的“味道”。

极少有人从狭义的“味道”这个角度单刀直入地切入，把舌尖上的“老上海的味道”（也就是上海本帮菜的味道）说清楚。

要想把狭义的“小味道”说清楚，就不能离开城市文化那个“大味道”。这就是老子所说的“道可道，非常道”。

只有弄清了本帮技法厨房的秘密，才会了解本帮菜的技术核心；

只有梳理出味道背后的文化脉络，才会了解本帮菜的先贤们为什么会这样去思考问题；

所以，只有对本帮菜的所有背景进行这样的“全息扫描”，才能把上海这座城市看不见摸不着却又感受得到的文化味道和本帮菜具体的味道结合起来，从而使人们一目了然地知道本帮菜的味道到底有着一个什么样的秘密。

这就决定了这本书的写法：从城市发展的文化渊源着手，用类似于“训诂学”的方法，综合考证本帮菜的历史、文化、民俗、烹饪原料、烹饪工艺以及传承脉络，这样也许才能尽可能真实地还原出地道的“老上海”味道来。

需要说明的是：凡是被称为“道”的东西，往往都是一言难尽的，“老上海的味道”同样如此。

“味道”的唯一最佳载体，就是人的舌头，这是其他任何载体都无法超越的。

但如今地道的老上海风味，已经离我们越来越远了。人们能够尝到的所谓“老上海味道”，往往是以假乱真的、以次充好的、自吹自擂的，甚至完全是莫名其妙的。

笔者无法让所有不知情的人都品尝到正宗的本帮风味，只能退而求其次，用“细说”而不是“戏说”的方式，尽量客观地记述我所知道的“老上海的味道”。

尽管对于味道本身来说，“记述”还远远不是“记录”！

2014年8月，“本帮菜传统烹饪技艺”被正式列为“国家级非物质文化遗产”。

申报这项非物质文化遗产的主体单位是上海老饭店，笔者曾有幸被邀请为这项申遗工作文字资料的整理者和影像资料的编导。

在搜集、挖掘、分析、整理各类相关文史资料和烹饪技法的同时，笔者不可避免地带着一定的主观视角对这些资料进行梳理，这就是这本书的由来。

你可以把它当作一本闲书来看，但这本书的素材积累历时11年。

本帮菜的渊源

本帮菜的味道并不是天生就这样的。
它也是慢慢演变过来并最终定型的。
本章细说本帮菜千丝万缕的渊源。

需要说明的是：

味道是一个地方城市文化的积淀。不同的历史时期，上海这座城市的时间、空间背景都是不同的。

清朝末年到民国初年这段时间，中国几乎所有的大事件都与上海有关，而风云变幻的上海历史，夹杂着潮起潮落的人物命运，也造就了各种不同文化的冲击和融合。

需要特别说明的一点是：

上海历史上的每一个重大节点，都决定了本帮菜下一步的味道走向，这就是为什么本帮菜被视为“上海文化活化石”的原因。

本帮菜历史上，讹误的“糊涂账”本来就不少，而网络时代亟需“美食段子”的人又太多，所以，这段美食文化史现在越来越“说不清”了，这是本帮菜风味特征模糊化的原因之一。

但愿，这回笔者没有“帮倒忙”！

■ 19世纪80年代的老北门

光绪年间的荣顺馆

中华美食大多源起于那些农业和文化都很发达的地区。

因为只有农业发达，才会物产丰饶、衣食无忧，那里的人们才有可能会去琢磨怎么处理这些上天恩赐的食物；同样，只有文化昌盛，那里的人们才会根据纷繁复杂的各种不同的文化审美理念，把这些食材做出“花”来。这就有了中华美食的那个“美”字。

农耕社会的中国人，尤其是乡下人，面对的往往只有一亩三分地。日子过得好不好，一方面要看是否风调雨顺，另一方面主要看是否精耕细作。

这种农耕文明在不知不觉中影响着他们的思维，因为相对于每一户农家来说，物产是相对有限的。日子过得好不好，关键在于如何把这些物产进行“深加工”。这种文化模式反映在美食上，就是我们对于天然食材的“深加工”，往往会有许多匪夷所思的发明创造。这是海洋文明和游牧文明下的美食文化与中华美食文化最根本的区别。

从这个意义上来看，鲁、扬、川、粤之所以成为四大菜系也就理所当然了。而本帮菜的起源同样如此。

“本帮菜”这个概念是清末上海已经比较发达时才有的，相对于蜂拥

而至的各种“客帮”风味，那会儿所谓的“本帮”其实差不多就是本地的乡下风味。

上海郊区有三个厨师之乡，它们分别是三林塘镇、川沙镇、吴淞镇。

三百六十行，行行有名堂，厨艺当然也不例外。上海郊区的这些厨艺之乡，最初往往是由几个“手艺”较好的民间厨师带动起来的，由于交通不便，他们的厨艺一旦出了名，往往会在当地形成一种跟风效应，这样慢慢地形成了一种文化氛围，最终形成了所谓的“厨艺之乡”（类似的现象全国各地都有，比如鲁菜中的重要分支“胶东菜”的发源地烟台市福山区，当地民间早就有“要想吃好饭，围着福山转”一说）。

开埠前的上海，其实只是一个人口20万左右的县城。这种经济规模不太可能形成自己独特的文化性格，如果没有强有力的引导，它大概也不可能形成独特的餐饮风格，这就给三林塘、川沙、吴淞这些厨师之乡的手艺人们预留了创业空间。

光绪帝登基那一年，也就是1875年，浦东川沙人张焕英从乡下进了城，这位精明能干的乡下厨娘想凭一手好厨艺在这里换个活法。

张焕英的运气不错，她在当时的上海县城新北门内的香花桥租了间小铺面。那个年代的小饭摊几乎都是家庭作坊，大厨往往就是老板本人，而餐饮市场上的核心竞争力，靠的就是当家的那一手厨艺。

张焕英在川沙时就不是种地的，她就靠一手厨艺吃饭，而她拿手的菜肴，也当然是本地人极为熟悉的一些家常菜，比如红烧肉、炒鱼块、炒猪肝、豆腐汤、黄豆汤、红烧大肠、酱肉豆腐、咸肉百叶、肠汤线粉等。这些价廉物美的菜肴的主要服务对象，当然是黄包车夫、码头工人和普通

■ 江南制造局隆隆的机器声背后，正是刚刚经历了“同治中兴”的中国

市民。

这个名为“荣顺馆”小铺子实在小得可怜，小得只能放下三张桌子，而且有一张还必须靠着墙。但就是这个不起眼的单开间的门面，却天天满座，顾客盈门。

张焕英当然忙坏了也乐坏了，但她也许并不清楚，此时的上海，洋务运动正方兴未艾，江南制造局隆隆的机器声背后，正是刚刚经历了“同治中兴”的中国。

张焕英开张的时候，清政府刚刚从太平天国、捻军等一拨又一拨的农民起义中缓过一口气来，而战乱之后的恢复极大地刺激了商业的繁荣。

这是张焕英的机遇，精明能干的她当然想把生意再做大一些，但在筹措扩建资金的同时，她也不得不巡视一下她周边的竞争对手们。

当时的本帮菜馆数量虽多，但生意好的也就是人和馆（创始于1800年，下同）、一家春（1876年）、德兴馆（1883年）这几家，而且他们的菜肴也大多和荣顺馆差不多，毕竟当时的上海还只是一个小县城。这些本帮菜馆当时被称为“饭摊帮”。

与中低档的“饭摊帮”相对应的，是相对高档的“饭店帮”，当时市面

上站稳脚根的“饭店帮”主要是徽帮和锡帮。

徽帮看起来势头挺猛，诞生于徽州山区的这种“油大、味重、色深”的传统菜式，在当时是非常适合体力劳动者的饮食需求的，这也为后世的本帮菜风格的形成打下了基础。但到了清明的同治、光绪年间时，上海的其萃楼、同庆园、七星楼、大和春、中华楼这些徽菜馆里，除了菊花锅、葡萄鱼、炒鳝糊卖得较火以外，其他古老的徽式菜在当时已经不太卖得动了，而且臭鳜鱼、火腿炖甲鱼这样的高档菜在当时也只有商会请客时才吃得起。

锡帮菜又称“鳝帮”，这是一支不容忽视的新生力量。当时的“正兴馆”主打河湖鲜，而且他们不仅学习本帮菜的咸肉豆腐、肠汤线粉这些本帮菜，他们从无锡带来的梁溪脆鳝、红烧划水、糖醋黄鱼这些中档菜更受市场欢迎。

简而言之，当时的上海餐饮市场，正处于一个三足鼎立的时代，而那个年代的本帮、徽帮和锡帮在菜肴风格上正在走向融合……

当时的本帮菜风格还不成熟，但好在每个开餐馆的小老板和大厨师们的脑子里都先天性地装着一个“美味且实惠”的理念；当时相对成熟但又相对保守的徽帮，为后来的本帮菜风格，定下了“浓油赤酱”的底子；而与上海同处江南的锡帮船菜，恰好为当时的本帮菜提供了一个“咸中带甜”的样本。

对于本帮风味的最终定型来说，这是一个偶然，但从上海文化格局形成的历史角度来看，这又是一个必然。

张焕英当然不会知道后来的事，她只顾攒着增资扩建的本钱就可以了。光绪年间的这位本帮菜馆的小老板，算是看到了本帮菜这场大戏的开锣。这出大戏高潮迭起的一幕，出现在荣顺馆开张五十多年以后，也就是荣顺馆搬家扩容后的民国年间（民国初年，荣顺馆曾在河南路、山东路附近开了一家分店，这一分店在抗战期间歇业）。

不过，能看到这一幕的观众，得换做张焕英的侄孙张德福这一拨人了。

相关链接

上海老饭店的"糊涂账"

很多关于上海本帮菜历史的文章或书籍中，常把张焕英误以为是男性，而把张德福误作其子。这是经不起推敲的。

2009年10月，笔者在为上海老饭店（其前身就是荣顺馆）整理"申报上海市非物质文化遗产"项目的资料时，采访了张德福，张德福时年84岁，这让我大吃一惊。

因为如果像网上或某些关于本帮菜历史的书上所说的那样，张焕英是光绪元年（1875年）来上海开店的，虽然我们无从考证张焕英开店时的年龄，但她那会儿至少是个30岁左右的成年人，而张德福生于1928年，也就是说，到张德福出生时，张焕英至少该是八十上下的年纪了，怎么算张德福也不可能是张焕英的儿子啊。

张德福老人很宽厚地为我解开了这个谜底。上海的老字号的渊源历史，是在改革开放以后才逐步受到重视的，当时上海市各级政府部门专门组织人手对上海各家老字号的历史渊源进行了整理。而历经了抗日战争、解放战争、上海解放、公私合营、"文化大革命"、改革开放等诸多历史节点后，上海老字号们往往已经发生了沧桑巨变。这项巨大的文化工程在当时又受资金短缺、时间紧迫等诸多条件的制约，许多历史事实往往是经过口头转述而来，未经详细推敲核实。

关于荣顺馆的起源一事，记载下来的正确的一部分是：荣顺馆当初的确是由川沙人张焕英于1875年开设的，地点位于当时上海县城新北门内北香花桥南首（现城隍庙的北侧）。但未经核实并发生讹误的是，张焕英实为女性而非男性，而且张焕英本人也没有子嗣。张德福是张焕英弟弟的孙子。由于张焕英经营有方，张家后人广受福泽，张德福也在上海受到了良好的教育，这个张家最有文化的晚辈，此后被当然地视为荣顺馆的继承人。

当张德福从相关书籍上发现这段历史错误时，已然木已成舟了，张德福倒也豁达："算了，错就错吧，改过来的确太麻烦了，再说，有多少人会关心荣顺馆的创始人呢。"于是这一笔文史陈账就一直这么糊里糊涂地将错就错下来了。

借这个机会，也算是还上海老饭店历史一个本来面目吧。

（张德福老先生于2013年去世，享年88岁。）

■ 朱家角的黄昏

本帮菜中的“江湖派”

“铲刀帮”就是“饭摊帮”

清光绪年间（1875年），本来就身为南北海运中转站的十六铺码头越发闹猛起来了，老城厢里的生意自然也就机会多多。川沙的张焕英只是那会儿随大流进城来“闯码头”的本地厨师之一，而事实上，本帮菜最原始的调子就是张焕英和与她同一时代的上海乡下厨师们共同奠定的。

李华春是清朝末年至民国初年三林塘最著名的民间厨师。住在三林塘镇上的他已经不用亲自种田了，因为有一手好厨艺，光是四乡八集地到处帮厨，就足以使他过得很体面了。

那会儿，上海乡下和江南各地的农村一样，婚丧嫁娶、庆生寿辰、四时八节，乃至庙会赶集，往往都会有较大规模的家宴或者村宴。像李华春这样的好厨师，自然会忙得不亦乐乎。因为没有固定的经营场所，所以这个时期像李华春这样带着厨具卖手艺的乡下名厨，人称“铲刀帮”（这只是对这类群体的一种称呼，其实并没有形成组织的所谓的“帮”）。同样，进城开店的这些“铲刀帮”们又被人称为“饭摊帮”，光看看这些随意的名头，就知道它们创业当年的确够“江湖”的。

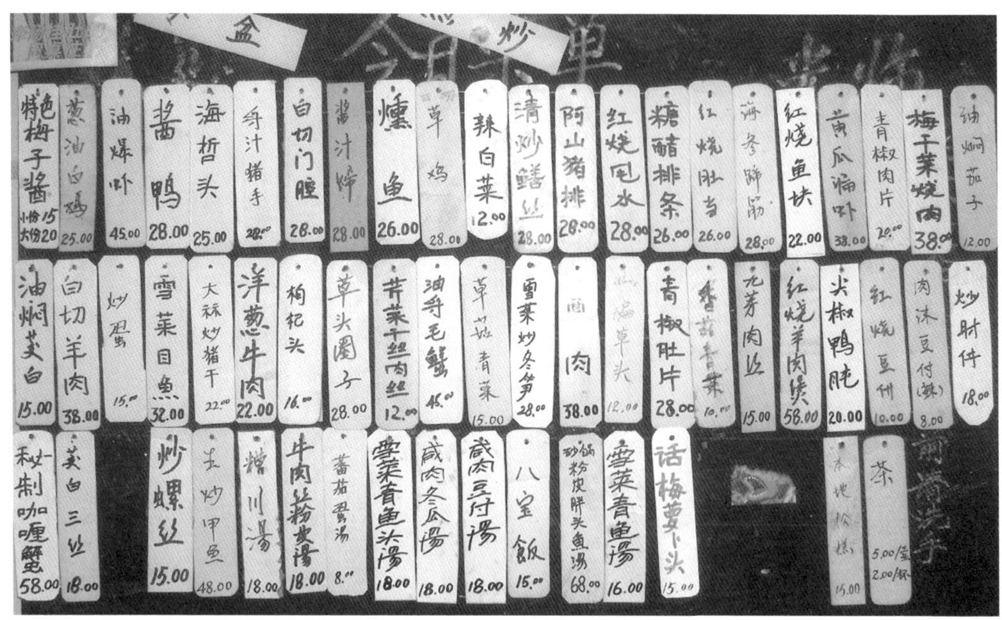

■ 江南派餐馆的“水牌”菜单（摄自上海阿山饭店）

乡下大厨的小手筋

行走在家宴村宴之间，以厨艺手段谋生的李华春当然会注意总结经验的。

比如肠汤线粉中的大肠，最好翻过来用米醋和着面粉和精盐去反复搓擦，这样才会去净异味；比如白切肉一定要热汤浸焐而不是大火滚煮，这样吃起来才会不柴不硬；比如血汤中的猪血块一定要文火慢煮，这样才会细腻嫩滑；鲫鱼塞肉要从背上开刀而不是从肚子那里开膛，才会紧实美观；熬葱油时最后要乘油滚热时冲下酱油，才会有一种浓郁的焦糊酱香……

至于初春韭菜、仲春草头、暮春蚕豆、初夏苋菜、仲夏香椿、暮夏苦瓜、初秋酪酥（茄子）、仲秋百合、晚秋黄芽（大白菜）、初冬茭白、正冬莲藕、晚冬韭黄，当地什么时令出什么时鲜蔬菜，自然也要烂熟于胸……

那个年代的本帮菜谱大概是这样的：汤卷、腌汆、辣酱、走油肉、白切肉、大白蹄、生烧草鱼、炒肉豆腐、咸肉百叶、炒鱼粉皮、肠汤线粉、烂糊肉丝、肉丝黄豆汤、大鱼头粉皮，等等。而这些菜式背后的厨艺心得往往是许

上海农家宴席上的“九大碗”至今仍保留了早期本帮菜的质朴

多代厨师多年生产实践经验的总结。从光绪年间的川沙张焕英、宝山金阿毛直至民国初年的三林塘李华春，这些江湖派代表人物往往是守着一些小小“绝招”而自得。后世称他们为“江湖派”，而“江湖”实际上也就是见识小、没规矩的意思。

不过话说回来，正是这些乡下“铲刀帮”们的相对保守，本帮菜技艺才有了最早属于上海这方土地的原创手法；也正是因为有了这帮看上去很“江湖”的小手艺人的存在，他们才最终在不知不觉中汇总出了一个新的门派“本帮菜”。因为不管他们的技艺有什么异同，他们毕竟是在同一块土地上生长的人，相同的文化背景一定会使他们产生共同的饮食审美理念。

浓油赤酱的由来

自从道光年间清政府的第一个不平等条约《南京条约》签订以来，中国的国运就开始走下坡路了。鸦片战争的巨大赔款，迫使清政府改变了许多税收政策。比如盐务本是国家垄断经营的，但随着私盐不断泛滥，国家

■ 因为李伯荣，也因为“舌尖的中国”（第二季），三林本帮馆成了本帮菜的圣地

不再靠几个大盐商来交税了，“纲盐法”改为了“票盐法”，先交税后贩盐，而且谁都可以做盐的生意；茶叶、丝绸、陶瓷等大宗生意的规矩也随之进行了改革。

上海的十六铺是当时中国最大的商业码头，大宗生意乃至行情价格往往都在这里决定。当时中国最大的商帮是徽商，这下他们坐不住了，于是扬州、苏州、杭州的徽商们纷纷把大本营转移到上海来，他们当然也会带来徽菜。其他商帮当然也开始从梦中醒来，只是无论是资金、物流还是人数上，徽商都是移民上海的第一批主力商帮。

码头经济的活跃自然带动了就业和人口迁徙，餐饮业也自然会随之繁荣起来。道光到咸丰年间，也就是上海开埠后不久，沪上的徽帮菜馆已有三四百家之多。“油大、色重、味浓”的徽菜不仅慰藉了徽商们的思乡情结，也给从事重体力劳动的许多新移民们带来了欣喜，因为山区菜肴的这种风格正好对了他们的胃口。

不仅如此，相对于当时还没有成形的本地风味而言，徽菜无论是体系还是风格都要完备得多。而这些源自于徽州山区的质朴的菜式，恰好符合了当时以江浙移民为主的普通上海人的消费习惯，虽然精致的淮扬菜和昂贵的粤菜那时候也进驻了上海，但它们始终没有成为主流，因为不“下饭”的菜在当时的上海被认为是很“洋盘”的。

■ 李明福是李伯荣的大儿子，也是三林本帮馆馆主

■ 阿山饭店的阿山原本也是个“乡厨”（左下）

徽菜的这种注重主料原汁原味、讲究火候文武结合、看起来很实惠，吃起来很下饭的菜肴风格，在当时备受欢迎，因为这种风格与当时上海的城市文化审美习惯是完全一致的。

没有人把当时的这些小饭摊或小饭馆的老板厨师们召集起来“统一认识”，但这些江湖派们迅速做出了一个共同决定，那就是按照一个相对较为清晰的技术风格基调来重新处理这些本地菜式，这个基调就是后来所谓的“浓油赤酱”（这种区别可以从八宝辣酱、肉丝黄豆汤、炒鱼豆腐这些菜式的本地农家菜做法与如今本帮著名餐馆做法的比较中看出来）。

“绝招”与“命门”

江湖派的一大特色是“一招鲜，吃遍天”。这些乡下厨师手里的菜式在当地往往是相当相当普通的，但由于他们各自掌握了一些厨艺秘诀，于是，这些平平淡淡的菜式，往往就会焕发出一种别样的风采来。而他们往往也靠着这些小小的厨艺秘诀，各自闯荡出了一片新的天地。

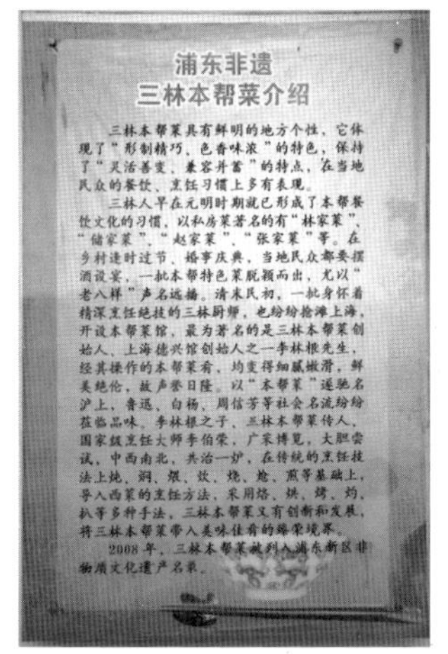

■ 在浦东三林塘镇，本帮菜的地位是可以自豪地写进历史的。

上海解放后，随着公私合营以及烹饪技校的成立，这些原本散落在民间的厨艺绝活才被一点点地搜集整理出来，从现代烹饪原料学、烹饪工艺学、烹饪营养学和烹饪化学的角度来看，这些“不说穿想不到，说穿了又不值钱”的原创性的厨艺绝招，至今仍然是本帮菜技艺中“压箱底”的瑰宝。

江湖派当然也有他们的短处和“命门”，这种以经验主义为主的、小锅小灶的、小农经济式的经营方式，到了城里以后，往往会与日新月异的上海城市文明不相匹配，比如观念相对保守、厨房管理杂乱、比如卫生条件较差、比如成菜的摆盘比较“乡下气”，等等等等。这也是很长一段时间以来，以江湖派形象立足市场的餐馆们虽然可以把低档生意做得红红火火，但却一直上不得高档宴席台面的原因。

李华春一辈子都没进城开菜馆，但他在三林塘这个厨艺之乡创下的名气给了他儿子李林根一个更大的舞台。你可能没有听说过李林根这个名字，这也不要紧，李林根管理的店比他本人有名，正是因为李林根和他的好搭档杨和生，才有了后来民国年间本帮菜“学院派”的德兴馆。

李华春和李林根父子俩，恰好代表了本帮菜中最重要的两种流派，那就是江湖派与学院派。而随着《舌尖上的中国》(第二季)的热播，人们记住了如今八十多岁的本帮菜泰斗李伯荣，但很少有人知道，李伯荣就是李林根的儿子、李华春的孙子。

■ 20世纪20年代的外滩

德兴馆的“功劳簿”

当历史进入20世纪30年代的时候，承平日久的上海终于迎来了本帮菜发展史上的鼎盛时期。

标志之一是：本帮菜中的许多经典菜式，如虾籽大乌参、草头圈子、八宝鸭、青鱼秃肺、油爆虾、糟钵头等，基本上是在那以前的短短十几年间集中诞生的，这标志着本帮风味到那个年代时已经基本成形。

标志之二是：本帮菜馆中出现了一个杰出的代表——德兴馆。而这家菜馆在本帮菜系中的地位，就像鲁菜中的汇泉楼、淮扬菜中的菜根香、川菜中的荣乐园、粤菜中的广州酒家一样，后世的人们往往把德兴馆称为“本帮菜大本营”。

那么究竟是什么样的原因，使得德兴馆能在竞争激烈的本帮餐馆中独占鳌头呢？那就说来话长了。

德兴馆是光绪九年（1883年）开业的，原址在小东门洋行街（今阳朔路）旁的闵行路（今真如路）。当时十六铺码头南来北往的船只云集，附近的商行、货栈甚多，商业兴旺。原来不是干餐饮这一行的老板万云生从中看到了餐饮的商机，他盘下了这里的一家小吃店，并于不久后翻建成了这

■ 延安东路改造后，德兴馆迁到中华路原一家春店址

家名为“德兴馆”的弄堂式的菜馆。

起初德兴馆经营的也就是黄豆汤、肉丝豆腐羹、咸肉百叶、炒肉豆腐这些家常菜，楼上也有一些精致菜肴，但万老板毕竟不是内行，他的生意经主要放在了与客户“处关系”上，饭店经营缺乏特色，生意逐渐平淡，万云生过世后，他儿子也无心经营，此后也就“一了百了”地将餐馆一卖了之。

此后德兴馆的老板多次更迭（据《德兴馆往事拾零》，王昌范著），更迭的原因自然与经营之道有关，但更重要的可能还是乱世之中的存活之道。要知道清朝末年到民国初年那会儿的上海滩，如果没有可靠的“后台”，餐馆基本上是没办法活下去的。不过这些是关于上海滩码头文化的另一个话题了，我们这里讲的只是德兴馆的经营之道，具体来说，就是德兴馆的厨房管理之道。

李林根进了德兴馆

1926年，17岁的李林根从浦东乡下的三林塘进了城，在德兴馆的厨房里“学生意”。因为从小跟着父亲李华春在乡下“铲刀帮”里打拼，耳濡目染之下，他也攒下了一身江湖派的好手艺。

当时风华正茂的李林根比他父亲李华春脑子更活络。乡村厨师的奔波劳碌是相当辛苦的，而且每次下厨，厨房里的任何一项事务都得从头干起，效率低下而且风味难以保证，这种艰辛的闯荡经历使得他从小就在思考如何使一整套厨房管理有序化。

初入德兴馆"学生意"的李林根显然是个"练家子",他一出手就显出与其他学徒的不同,慢慢地老板开始注意他了。而低调的李林根也迅速熟悉了厨房里的每一道工序。

一个可以确定的细节是这样的,在他进德兴馆的时候,宝山帮的名厨杨和生已经在德兴馆站稳了脚根了,这可以从虾籽大乌参起源的那个故事中得到印证:当初义昌海味行和久丰海味行希望德兴馆能研制出一道以海参为原料的菜肴来,而这一任务当时就交给了杨和生。

但到了1939年,李林根30岁的时候,他成了厨房里的"把作"(也就是厨师长),在厨房里负责最为关键的"砧墩"工位。还有比这更重要的,这一年,他以技术入股的方式,成了德兴馆的股东,名义上成了德兴馆的"协理"。

需要特别说明的一点是,厨房管理的头等大事就是"谁是大佬"。人们通常会简单地认为,负责管理厨房事务的,当然是那位"头灶大师傅",但事实却非如此。因为一道菜临到上灶时,往往已经是面临最后一步关键工艺了,如果前期的各项预处理过程有一个环节出了错,到了这会儿才发现就太晚了。所以老到的餐馆,厨房里的排行顺序往往是"头墩二灶"。也就是说,负责切配的那位"墩头",相当于足球队的"队长",而上灶烧菜的那位"灶头",只是足球队里的"锋线杀手"。

为什么"砧墩"会如此重要呢?

这是因为"砧墩"的头目往往是整个厨房里厨艺经验最为丰富的人,只有这样的人才知道不同的食材需要各自处理成什么样才能符合灶头师傅的要求,也只有干过厨房里所有活以后的人,才会拥有这样的经验和资历。另外负责切配的"砧墩"也顺手把握着材料成本,也有空去看管着各个工序是否做得正确。而"灶头"更多的需要靠"临门一脚"的现场发挥(当然这也相当重要),这只是个"有技术含量的体力活",靠他来指挥显然不够高明。

值得强调指出的是:当时德兴馆里负责"灶头"的那一位,可是上海滩上赫赫有名的宝山帮名厨杨和生。正因为德兴馆"一山存了二虎",德兴馆

本帮菜的火候，也是有规律的，所以当然也会“有规矩”

才能开始慢慢树立起了本帮菜学院派的地位。

这两位当年的本帮高手为德兴馆做出的最大贡献，当数一整套“市肆菜”管理流程，而这些鲜为人知的厨房管理秘密，最终为德兴馆乃至整个本帮菜系的规范化、正规化，立下了汗马功劳。

德兴馆的“功劳簿”上，第一个值得记上的，便是“立规矩”，这是德兴馆“学院派”的立身之本。

经过了多年的融合、创新与发展后，本帮菜中的许多著名菜式，已经成为沪上风味的一种经典。但由于各家餐馆的门户之见，这些菜肴的具体操作是有着许多不同的版本的，而有没有最佳版本呢？当时世人往往都认为“最正宗”、“最地道”的经典菜，往往就出自首家推出这道菜式的餐馆。从烹饪工艺学的角度来看，这种“老大必然个子最高”的推论显然是一个误区。

德兴馆最早把本帮菜中广受市场欢迎的菜式进行了工艺流程的推敲和梳理。比如原来“糟钵头”这道菜是川沙人发明的，这道菜最早的样子差不多是一道糟香味的卤菜，也就是将预处理好的各种猪下水料，存放在钵头里入味。后来这道菜引入市区餐馆时，人们将它改成了带有糟香风味的一道汤菜，但具体的做法各家又各不相同。德兴馆最早将它改成了这样：猪下水料分别预处理好（一般就是煮熟）并分好类，这就是半成品，客人点的时候，再将这些半成品按标准份量配好，下锅重新烧成浓汤菜，最后浇上一勺事先吊好的汤菜糟卤。这样不仅省时省力，而且操作更为简便，上菜时间更短，风味也可保证一致。

半成品如何处理和保管？成品菜肴应当具有什么样的出品标准？操作手法如何简捷有效……因为每道菜肴的每一个操作步骤德兴馆都能够说清楚“为什么”，这就使得原来莫衷一是的各种“江湖”做派有了一个相对经得起推敲的“规范”操作手法。所以20世纪50年代上海成立烹饪技工学校时，便自然而然地引用德兴馆的规矩来作为范本。这就是德兴馆被称为“学院派”的由来。

“大兑汁”

德兴馆的“功劳簿”上，第二个值得记上的，便是“大兑汁”，这是“市肆菜”区别于“公馆菜”或“私房菜”的最重要的特色。

每一道菜往往都有一个绝佳的调味比例，比如油爆虾、八宝辣酱、糟钵头等菜式的卤汁或底汤，往往这一调味过程也就决定了菜肴的质量。一般“江湖”派的餐馆都是靠师傅的烹饪经验来临场发挥，而手艺还差一口气的小徒弟们往往就做不好，这样厨房里就免不了常常充满了呵斥和埋怨。而老到一些的餐馆往往会请最有经验的老师傅预先将相应的汁水调好，这就是所谓的“大兑汁”。这样厨师在日常工作中只要把握好主料和配料的火候，就能使菜肴的质量始终保持在一个相对固定的水平上。而这种味道慢慢地会在老顾客中形成一种味道上的记忆，他们往往会奔着这种熟悉的味道来做“回头客”。

“大兑汁”这种管理手法很难说是哪一家餐馆发明的，但是可以肯定的是，德兴馆是贯彻执行得最坚决的，这与当初李林根、杨和生的职业眼光是分不开的。

“留老卤”

德兴馆的“功劳簿”上，第三个值得记上的，便是“留老卤”。这是德兴馆在众多本帮餐馆中棋高一招的最重要的一手。

■ 批量炸好的青鱼块，正准备进下一步工序“浸卤”，而卤汁就是“大兑汁”

德兴馆每天要加工很多肉类，这些猪肉往往需要经过焯水，一般的处理办法是需要焯水的时候就焯个水，但德兴馆是集中焯水，第一次焯水的锅往往含有很多杂质，这时不要焯透，血沫出来后，换到第二口锅中去再煮一下，而第二口煮肉的锅是只加水不换汤的，这样长年积累下来，德兴馆就有了一锅醇厚无比的肉清汤。

每天都会有很多红烧肉、走油蹄膀等菜式，而每次烧制时，都在同一口卤锅中焖烧，只需要根据情况加水加调料，这样这锅底汤就成了“老汤”。像生煸草头这样的菜式，炒菜时，只要加上这样的一勺“炒肉老汤”，味道比单纯的加酱油显然要更为醇厚鲜美。

这些厨房里的小秘密意味着什么呢?

它意味着德兴馆的味道是越来越老到的、越来越醇厚的；

它意味着老顾客们会在这种重复记忆中逐渐形成一种依赖心理；

它意味着这种特殊的风味将随着人们记忆的深刻而越老越值钱；

这就是后世公认的“老上海”的味道!

这就是德兴馆的“功劳簿”上最大的功劳!!!

熏鱼有浸鱼块的老汤、葱油鲳鱼有浸鲳鱼的老汤、白斩鸡有浸三黄鸡的老汤……

总而言之，厨房里一切可以往复循环利用的，一律都循环起来，这样味道就一天天地增厚，德兴馆的厨房管理某种程度上实现了半成品管理的循环化和原料使用的价值最大化。成本更低了，但味道却更好了。这种类似

相关链接

■ 李林根

由于李林根是德兴馆的股东，所以李家的经济条件相对较好，而他的儿子李伯荣因此也有条件到学校里去读书。当然那会儿的课外作业远远没有现在这样沉重，年轻的李伯荣每天还是要到德兴馆去“学生意”的。他从13岁那年进德兴馆，帮忙打杂，1949年解放时，他年满18岁，从这年开始，他和蔡福生（网传蔡福生和杨和生一起发明了虾籽大乌参的做法，错了！）一起，正式跟着杨和生上灶。

由于李伯荣在当时的厨师圈里算是相对学历较高的，而且又师从德兴馆的杨和生，上海解放后成立的烹饪技工学校当然会请他去讲课，而且当时的上海饮食服务公司也需要请他来整理本帮菜传统技艺。另一方面，李伯荣曾先后在德兴馆、绿波廊、老饭店等本帮名店做经理，一直没有离开生产、教学第一线。德兴馆厨房里的这一整套管理经验也随之在这几家本帮名店扎下了根，这样几十年如一日地坚持下来，李伯荣终成本帮菜泰斗。

于农技学中“生态养殖”的厨房管理术，成为后世本帮菜技艺的一大看不见的法宝。

这也应该记进德兴馆的功劳簿吧。

■ 如今本帮菜馆厨房的工位旁，往往都有这样一只肉清汤桶

老正兴滥觞

1862年，31岁的咸丰皇帝驾崩，这是一位无远见、无胆识、无才能、无作为的“四无”皇帝。倒霉的咸丰帝登基不久就发生了太平天国农民起义，更倒霉的是后来又有英法联军进攻北京火烧圆明园。面对接踵而至的国家大难，这位荒废朝政且优柔寡断的皇帝束手无策，他只会在酒色中找寻刺激和平衡，乃至于他最后到底是死于天花还是梅毒，倒成了后世的一桩宫廷疑案。

咸丰撒手西去后，他那只有六七岁的儿子不得不坐上了龙椅，是为同治元年。而实际上掌握国家政治命脉的，是垂帘听政的两宫皇太后。

幸运的是，这个啥也不懂的小屁孩，却偏偏遇上了难得的历史机遇：在国内处于“太平天国”与“义和团”两次重大社会动荡之间，在国际处于英法联军与八国联军两次入侵之间，这都是那个年代极为难得的大风暴中间的缓冲期。在他之前的道光、咸丰，在他之后的光绪、宣统，都没有这样的有利条件。

而更为幸运的是，傻人有傻福的同治皇帝居然同时拥有曾国藩、左宗棠、胡林翼、李鸿章、彭玉麟等一大批辅佐他的重量级名臣。暮气沉沉的

■ 清同治帝像

■ 辛亥革命后的故宫，清朝的国运早在那之前的道光年间就已经衰落了

大清王朝，就这样迎来了回光返照式的“同治中兴”。而随后的洋务运动、实业救国给当时一潭死水的中国带来了勃勃生机。

而这个中国历史上难得的机遇天窗，恰好把它最灿烂的那一缕阳光照在了开埠还不满20年的上海滩上（1843年上海开埠）。

无巧不成书的正兴馆

同治登基这一年，闯荡上海滩的宁波人祝正本和蔡仁兴正是风华正茂的时候，在当时，闯荡上海滩如同改革开放之初的出国留学一样，是一件让年轻人热血沸腾的事。

祝正本和蔡仁兴原本就是结拜兄弟。初到上海滩的他们当然也会迷惘，那会儿可没有什么人才招聘会之类的机遇，于是他们合伙开了个杂货摊。

但充满梦想也充满激情的他们很快就发现，摆个饭摊生意会更好：因为像他们一样来上海闯荡的“乡屋宁”（乡下人）实在是太多了，这些满世界乱闯的外地人不管在上海找到了什么样的营生，第一件大事，就是要填饱肚皮。

来上海时，他们当然是带着一点本钱的，但这点本钱显然也是他们最后的血本。而拥有梦想与实现梦想之间是有一段距离的，这中间当然需要决策者的胆识、魄力和勇气，也需要机遇、缘份和巧合。

20世纪30年代上海繁荣的商业街道

无巧不成书的是，他们恰好遇上了一个同样来上海滩闯荡的无锡厨师，而离他们的杂货铺不远的弄堂里恰好也正有一家铺面寻找新租户。于是，一场后来震动上海滩乃至整个中国美食界的大戏拉开了帷幕。

开饭馆当然需要一个字号，这个不难，哥俩好的祝正本和蔡仁兴各取了他们名字中的一个字合为“正兴馆”，而饭馆经营的菜肴当然要听那位无锡大厨的。这就奠定了他们最早的风格特色“锡帮菜”。

站在今天的角度来看，这是一个偶然中的必然，因为“正兴馆”的诞生看起来是无巧不成书，但“正兴馆”的背后，是那个历史条件下的上海滩美食界怀胎十月的必然结果。而后世成形的本帮菜，是本地风味菜肴和徽帮、锡帮、苏帮、甬帮等诸多江南风味共同孕育出来的一个新生儿。

祝正本、蔡仁兴的“生意经”

祝正本和蔡仁兴那会儿的经营思路很简单，那就是“货真价实，选料精细”，他们相信前辈生意人千古不变的训导，那就是君子爱财、取之有道，实实在在地做好一个饭馆本来该做的事——把菜肴做得更好。

那会儿上海滩生意最好的，要数“人和馆”和“泰和馆”这样的本地风味菜馆，他们的成功诀窍也很简单：本地口味、价廉物美。这一点“正兴馆”不用学就会，因为最好卖的菜无非就是当时最流行的“肠汤线粉”、“咸肉豆腐”、“炒鱼粉皮”、“炒肉百叶”（炒肉也就是我们常说的红烧

20世纪30年代上海街头，那时候闯荡上海滩的小人物大多怀揣着"发洋财"的梦想

肉）。但如果只有这些菜式，新面孔"正兴馆"显然并不占优。

他们必须要拿出属于自己的特色菜肴来，而且同样必须要"价廉物美"，这样才能在市场上站稳脚跟。

相对于当时的上海风味来说，无锡菜显然更甜了一些，但好在锡帮菜有"太湖船菜"的精细底子，相对于当时还很"土"的本帮乡下风味来说，"正兴馆"握有一张好牌，但好牌也要看怎么打。

无锡菜的一大特色是河湖鲜。但梁溪脆鳝、脆皮银鱼、红烧甲鱼这样的菜式，不是很好卖，而红烧肚档、青鱼划水（尾巴）、奶汤鲫鱼这样更为亲民实惠的菜式显然更受欢迎，只是需要更为雅致、清淡一些才好。

于是，"正兴馆"的创始人们不得不对传统的无锡风味进行取舍和改良。梁溪脆鳝这样的菜式还是保留，但要减少黄鳝的采购量；甲鱼太贵，银鱼难以保鲜，客人不订不做。而红烧菜青鱼肚档和划水这样的菜式，需要减些甜头，卤汁也要更为红亮和稀薄，这样才更能"上得了台面"，至于奶汤鲫鱼得换个卖相，蛤蜊鲫鱼汤在食客们看来，更为实惠和鲜美；而在这个自我完善的过程中，"正兴馆"也推出了"红烧圈子"这样的一些响当当的创新看家菜……

不知不觉中，起步之初的"正兴馆"做了这样几件事：

其一，就是主动自觉地向上海口味靠拢。事实上，当时模糊中的所谓

■ 草头圈子始创于同治老正兴

“上海口味”也正是糅合了徽、锡、苏、扬、甬等相似的江南风味后的一种“中庸”的产物。换言之，“上海口味”的味道个性必须更有“普适”性，因为只有更为“广谱”和兼容，才能占有更大的市场!

其二，正兴馆的菜肴风格也为当时的本帮菜馆乃至后来的整套本帮菜系，指出了新的发展方向，那就是后来的“浓油赤酱而不失其味，扒烂脱骨而不失其形”。因为新老上海人都已经开始走向富足和安定，这些舌头越来越“刁蛮”的顾客们需要一种既脱胎于家常实惠菜，又比普通的家常实惠菜更为精致的一种新风格。

“正兴馆”很快迎来了它的春天，这种既扎根于市井，又带有太湖水草气息的菜肴让当时的上海食客们觉得很新颖、很时尚。同样花二三角钱，他们可以吃得更有面子，而如果他们需要请客，这种风味也更加可以让他们在朋友面前“扎台型”。

祝正本和蔡仁兴当然会忙得不亦乐乎，他们一个忙着每天去菜市场挑选最新鲜的食材，而另一个则忙着招呼客人、收银记账。生意做大了，人手明显就不够了，他们自然会招来许多新的学徒来帮手。

这样的幸福日子持续了近四十年，直到祝正本和蔡仁兴二位掌柜开始步入老年。也许是他们太幸福了，他们没有察觉到租界已经越来越成气候，没有察觉到花园弄一点点变成南京路对他们意味着什么，他们也没有想到他们的学徒帮手中，也会有许多像他们当年一样的年轻人，也像他们

当年一样在等待着新的机遇。

总之，他们没有想到，如日中天的“正兴馆”会被人从背后捅上一刀；更没有想到，再过若干年上海滩上号为“老正兴”的菜馆会多达120家。当然，他们也不可能会想到这种充满了冷酷和无情的老正兴之争，会催生出一个全新的本帮菜系来。

这就是上海滩！！！

应该说，始创于清同治元年的这家正兴馆在很长的一段时期里，走的是一条以锡帮（也称鳝帮）为主的路数。虽然这一时期的正兴馆的主要菜式还不能算做本帮菜，但它的历史贡献在于，它最早开始意识到要主动地把当时风行于上海的本地风味、安徽风味与锡帮风味进行有机整合。而这一家菜馆里也诞生了后来大名鼎鼎的“青鱼秃肺”、“炒圈子”、“汤卷”等本帮名菜。

正兴馆开业四十年后的历史背景

经历了1894年甲午战争、1898年戊戌变法以后，20世纪刚刚到来的时候，清政府已经日暮西山、气息奄奄了。

随着一条又一条丧权辱国的不平等条约的实施，外国势力的逐步入侵终于逼急了中国的老百姓，不堪忍受的中国北方暴发了义和团运动。要命的是，这会儿病入膏肓的清政府像捞到了一根救命稻草一样，一改之前在洋人面前的颓唐，转而公然支持这支号称“扶清灭洋”的草莽队伍，并不自量力地决定向列强们公开宣战。这就使得本来就混乱不堪的中国更加混乱了。

1900年中华帝国的长江两岸是英国商人的巨大“市场”，因此北方义和团的举动引起了英国人的极大恐慌，他们认为帝国北方农民们的造反队伍如果向南开进，将严重危及英国在中国南方地区的商业活动。于是英国政府决定向长江派遣军舰，以保护英国在长江流域的“特殊利益”。而这一举动显然会使积贫积弱的中国陷入一个更大的黑洞之中。

当时的清政府就是这样一个多器官衰竭的垂死病人，全身处处都在痛，但医生（也就是当时的朝廷名臣们）还是想让这个病人多活一会儿。

历史是这样记录这个解决方案的：英美帝国主义与清南方各省督抚达成“东南互保”协议。规定上海租界归各国共同保护，长江及苏杭内地均归各省督抚保护。

互保条约的订立，对中外双方都是一个约束。由于利益攸关，列强互相牵制，“彼此监视”，“谁也不敢遽为戎首”，向南方进兵。这一份完全出于利益分割使然的条约，不仅有效地阻止了义和团南下，也使得清政府向列强宣战后不久的八国联军进京事件，没有过多地伤及南方的稳定。

如果把当时的中国比作一个晚期癌症病人的话，上海是他身上为数不多的健康肌体，尽管这块“好肉”是西方列强硬剜出来的。

“响堂”范五宝

无锡人范五宝在正兴馆“学生意”已经有很多年了，他当初是由无锡师傅带出来混的。餐馆饭店里的学徒生涯是最清苦的，每天起得最早，睡得最晚，从洒扫、开生（杀鸡杀鱼等）、洗菜、打荷（厨房杂务）到磨刀、刮板、烧水、洗碗，再到收拾店堂，给师傅和掌柜泡茶，直到给老板娘烧洗脚水，反正里里外外的苦活、累活、脏活都得干。

范五宝在正兴馆的日子肯定不会很舒服，但他不敢随便发作，因为任何一个出门来“学生意”的徒弟，都要吃上几年“萝卜干饭”的。好在范五宝显然不是个傻蛋，他聪明、伶俐、手脚勤快，属于那种“眼睛里有活”的好徒弟。而生性外向的他不仅把店子里的事打理得清清爽爽，他在餐饮同仁圈子里也很混得开。他玩得最好的一个朋友，就是广东路湖北路一家菜馆里的当家师傅曹金泉。

过去饭店里有句话，叫“响堂哑灶”，意思是跑堂的最好是个热情的大嗓门，而炒菜的师傅最好是个只知道干活的闷葫芦，本地人曹金泉就是这样一个不善言辞的大厨师。

饭店里徒弟“学生意”最重要的不是埋头干活，而是要知道活在哪里、如何干活。范五宝显然从曹金泉那里讨教来不少经验。比如鳞下泛红的鱼活不长、杀甲鱼时要留着胆、活杀的黄鳝须留三分血、猪肚和猪肠要用大量的盐和生粉擦去粘液、砧板边上要用钉上一圈鲜猪皮可防开裂等。慢慢慢慢地，祝正本和蔡仁兴终于注意上这个聪明的小学徒了，范五宝也开始从杂役中一点点地脱身出来，开始跟班买菜、跑堂、学珠算、下菜单了，而范五宝这个小名也在不知不觉中改为了大号范炳顺了。

成熟起来的范炳顺敏锐地看到，外滩的英国领事馆附近，海关、银行、大饭店、大商行逐渐多起来了，花园弄也开始一点点地变成了大马路了，而且正兴馆的生意也越来越忙了。

范炳顺的"生意经"

那时的上海滩，正处于中西文化交汇的一个巨大转型期。中国人的一套规矩和外国人的一套规矩完全不同，生意经就成了"十里洋场"上唯一的共同规则。而生意面前是不讲原则甚至不分是非的，相比于中国生意人传统的"义大于利"的儒商理念，这种生意经的趋利性相对更为功利、更为直接。

范炳顺干了一件不够厚道的事，他和那位曹金泉大师傅一起合伙开了家新店。这还可以理解，毕竟人家翅膀硬了，自立门户也无不可。但他为人诟病的地方在于，他的店名也取为"正兴馆"，还把店子开在了离老东家不远的地方。

这就麻烦了，在相隔两条小马路的地面上，同时出现了两家"正兴馆"，而且都卖锡帮菜，不明就里的人，还以为是正兴馆开了家分店。

不仅如此，新开张的正兴馆在保留全套原"正兴馆"特色的基础上，还推出了更多的新花样，比如他们在店堂入口处，推出了各种价廉物美的"山头菜"，就是将"百叶结烧肉"、"糠虾韭菜"等宜于批量制作的菜盛在大盆里，像后来的自助餐那样供食客选用，如果客人嫌菜不够吃的话，还可以加"底板"（如豆腐、粉皮等），再加汤回锅烧一下。楼上是雅座，曹师傅的手艺在这里得到了充分发挥和充分肯定，因为虽然这会儿他还是头

灶大师傅，但他也成了股东了。

于是，老店里的客人不可避免地被分流了。附近的同人钱庄和农业银行的老板职员都在这里就餐，新开张的正兴馆的生意一天天红火起来了。

范炳顺坐在总经理的柜台里也没觉得有什么理亏气输的。这种市井流氓的做法如果换做当时的杭州、苏州，可能会受到行业商会的严厉制裁，很可能没有人再敢去给你送货，更没人敢给你贷款或者赊账。但在号称“冒险家乐园”的上海滩，这却是一种明里暗里被人推崇备至的手法。

那会儿当然是没有什么商标保护法的，老东家虽然气得不行，但却又无可奈何，人家叫“正兴馆”虽不够道德，但也不违法，你除了骂他以外，还能拿他怎么办呢？

更气人的还在后面，继范炳顺的“正兴馆”开业红火以后，想发财想疯了的“冒险家”们似乎找到了一个发财的捷径，那就是也开一家叫做“正兴馆”的无锡菜馆混水摸鱼，这叫“有财大家发”。

“老正兴”名分之争

最老的那家“正兴馆”终于坐不住了，但他们也拿不出更好的对策来，只有一个办法，那就是想办法告诉客人，除了我以外所有的“正兴馆”都是假的，我这里才是正宗的，别把我家和他们混为一谈。

于是，老东家开始在“正兴馆”前面加了一个“老”字，以标榜自己的出身。

这个“老”字加得好，老客户们一看就明白了：“哦，原来他们不是一家人开两个店啊，既然不是那么回事，当然是老的那一家味道更正宗啦。”

这下轮到范炳顺坐不住了，生意一点点在往老东家那儿回流，而且他多多少少还得在乎一点客户对他名声的指指点点，因为这也会跟客流量有关的。

他当然不会去向老东家低头，就像电视剧《上海滩》里的许文强不会像冯敬尧妥协一样，他的对策是“将市井习气进行到底”，于是他索兴将店名改为“真老正兴”。

无奈之下的老东家这回也精明了，他们迅速将店名再改为“真正老正兴”，并特别注明“只此一家，别无分出”。

范炳顺这下没辙了，他总不能再不讲理地把店名改为“真真正正老正兴”吧，再说这么叫也不顺口啊。

这种文字游戏显然不是开菜馆的小老板所擅长的，于是这两家都想到了找高手文人，商场就是战场，他们都不能输。

范炳顺挂出的新牌子叫“源记老正兴”。“源记”是什么意思，你懂的!

老东家随后也不甘示弱地挂出了新牌子，叫“同治老正兴”。“同治”（1862年为同治元年）意味着什么，你也懂的!

不管最终食客们看懂了没有，反正这场沸沸扬扬的“老正兴”名分之争就这样算是了结了。

这是上海餐饮史上的一段并不光彩的纷争，争执的双方都以“真”、“老”自居，并且各自在报刊和电影院里大做广告。透过这两家最早的“正兴馆”招牌之争，人们完全可以想到当年实为师徒的两家“正兴馆”之间的冷酷和无情。而这场纷争在当时的上海餐饮界开了一个恶头，那就是到解放前时，上海滩上带有各色前缀的“老正兴”菜馆竟然多达120多家。

老店子的老东家祝正本和蔡仁兴此时已经步入晚年了，也许他们受不了这样的折腾，也许他们此时已雄心不再。反正到了民国初年的时候，在名份之争上惨淡胜出的“同治老正兴”终于换了老板，新老板是丁方正和丁凤祥父子，他们有信心继续跟这帮“孙子”们斗下去，而且接下去他们也的确斗得挺欢实的。

那个年代的上海人可能是中国最早吃透“不管白猫黑猫，捉到老鼠就

是好猫”的一批人。理直气壮地占便宜，毫不羞耻地闯黄灯，这种“十里洋场”新活法完全颠覆了传统的商业规则，而这种更为功利的游戏规则又造就了上海市井文化粗陋而直白的一面。这也是后世的上海人之所以对黄金荣、张啸林、杜月笙这样的流氓大亨较为宽容的原因。

这就是上海滩！！！

不管后人如何评价范炳顺的人品，从本帮菜的历史来看，源记正兴馆还是做出了许多不可磨灭的贡献。他们全盘继承了老东家的厨艺技术衣钵，而且因为曹金泉是上海本地人，又在无锡菜馆里做过大厨，所以“源记老正兴”在菜肴风格上更为主动积极地将锡帮菜风味进行本地化改造。而这家菜馆在锡帮基础上改良和创新的“油爆虾”、“炒蟹黄油”也开始逐渐转变了人们关于老正兴只是家锡帮菜馆的印象，上海人渐渐地开始把“老正兴”视为本帮菜馆了。

清末民初时的中国，几乎是满目疮痍，但上海却是一个例外，这座开埠只有六十多年的城市，几乎躲过了道光年间以来中国所有的重大政治、军事和经济灾难，成为当时中国经济发展一个相对宁静的避风港。而这个相对安全的商业避风港，则又反过来吸引了资金、人才和商流的发展，上海也随之步入了这座城市发展史上名副其实的“花样年华”。

随着1906年汇中饭店（今和平饭店南楼）的建成，外滩的建设开始拉开了帷幕。 而紧邻的南京路，那会儿还是一条十分中国化的马路。租界的

■ 20世纪30年代南京东路基本建成，上海从此步入城市历史的花样年华

商业集中在南面的广东路、福州路，当时的南京路还叫花园弄，是来上海闯码头的各地寓公们的乡间居住区，还没有开发成商业街。

那会儿上海的商业有一种约定俗成的华洋分工，中国商店经营南北货、上海货和内地土特产以及棉布、鸦片等大宗洋货；而外国洋行附设的零售店则经营香水、钟表等西方高档货品。

总之，当年“同治老正兴”和“正源老正兴”杀得天昏地暗的这片商业沙场，其实在当时正处于极富人气的商业区和居民区中间。

虽然人气越来越旺了，地租也越来越贵了，但这里的店家们往往谁也不愿意离开这里，因为他们知道，与九江路平行且只隔几十米远的花园弄（就是今天的南京东路），很快就要改造成一条更闹猛的商业街了，再咬牙也得在这里熬下去。

真真假假的“正源馆”

无锡人夏连发当时就是这么想的。

当两家“老正兴”在紧邻两条小马路的空间内打得不亦乐乎的时候，他与合伙人在“同治老正兴”的附近开了个小饭摊，供应经济实惠的大众饭菜。这种只有一开间门面的小饭铺子，当时可能还够不上什么资格与“同治老正兴”这样的大块头谈竞争。

当最大也是最老的两家“正兴馆”明争暗斗时，上海已经开始出现很

多以假乱真的“正兴馆”了。随着祝正本、蔡仁兴的“同治老正兴”与范炳顺、曹金泉的“源记老正兴”一场广告战打完，夏连发深受启发，于是“识相”的他也挂出了一块新招牌“正源馆”。同时，他把两家“老正兴”的菜单拿过来一抄，也开始供应各种精致炒菜，反正这些本地菜和锡帮菜“你有我有我全都有哇”，至于名头嘛，反正现在全都乱了，不如蒙一个算一个。

这种小聪明要得真是叫人没脾气， 但这种小聪明也的确代表了上海市民的一种“占便宜”心态。

但这个光并没有沾多久，南京路改造就开始了，大老板们才不管这一套小伎俩，整个原址都要翻建改造，夏连发只能换个地方混。

可是离开了“同治老正兴”和“源记老正兴”，“正源馆”的“扮猪吃老虎”这一招就不灵了，夏连发的经营开始亏本。

夏连发咬咬牙，再杀回原址附近的山东路330号来，租下一个更大的门面经营，这里靠近南京路，与原址同属一个商圈，这回他一不做二不休地将店名改为“老正兴馆”。而当时正值“同治老正兴”也因店址翻建改造而暂时停业，这下顾客们还真的分不清到底是怎么回事了。

这真是应了曹雪芹那句话“假做真时真亦假，无为有处有还无”。

不过，与范五宝命运不同的是，夏连发毕竟没有像曹金泉这样的大厨师在后面撑着，混水摸鱼毕竟也只能糊弄一时。他的生意还是没有什么起色。

1934年，夏连发去世了，留给他儿子夏顺庆一堆债务。

不过这个夏顺庆可不是什么娇生惯养的富二代，这是个与当年的范五宝（后来的范炳顺）极其相似的人物。他的务实之处在于，他不像他父亲那样把心思放在钻营取巧上，而是把心思都花在了餐馆经营的正道上。

夏顺庆掌管店务以后，一面增资还债，一面加强经营管理，扩大营业，大力提高菜肴质量，并亲自上菜场选购原料，重金请来名厨掌灶。

无巧不成书的是，正当这个名不正言不顺的“老正兴馆”生意开始好转起来时，1937年日本侵略者打进来了，上海沦陷了。

这个对于全中国人民来说都是个巨大灾难的变故，对于夏连顺来说却恰恰相反。因为上海的租界此后成了“孤岛”，经济反而得到了畸形的发展，蜂拥而至的挤进租界里的人，当然是要吃饭的，这样夏顺庆的生意反而比战前更好了。

夏顺庆只是个小生意人而不是一个革命家，他的眼光没那么远大。抗战期间，他在静安寺路1235号沧州饭店（今南京西路锦沧文华大酒店）底层，开设了一家“雪园老正兴”作为分店，两家店东西相望，而山东路的那一家总店改称为“东号老正兴”，分店则又被称为“西号老正兴”。由于“西号”的露天餐厅地处饭店花园内，环境显然要比热闹吵杂的山东路要幽雅清静得多，而就餐环境的这种所谓的“腔调”是上海人非常欣赏的一种生活情趣，于是不少文艺界人士纷至沓来，西号的生意反而比东号更好。

夏顺庆心里很清楚，他父亲手创的这个“老正兴馆”，其实血统并不那么纯正，这种投机取巧的市井手段总归不够光彩。但此时木已成舟，他又不能此地无银三百两地再把“老正兴馆”这块牌子换了。

于是他只能将错就错：不管“老正兴”有多少家，在人们的印象里，它首先得是一个带有本地风味特征的无锡菜馆，至于大家都争来争去的所谓正宗，其实在顾客看来，就是味道是不是更好，只是从浅层次上来看，大家往往都认为最“老”的那一家，才是最“正宗”的，但如果将菜肴质量真正做到了货真价实的第一，大家就自然而然地会将你看成是“最正宗”的。

这样或许可以给自己的身份和血统洗得“白”一点。

夏顺庆真的这么做了。

老正興
老正興菜馆

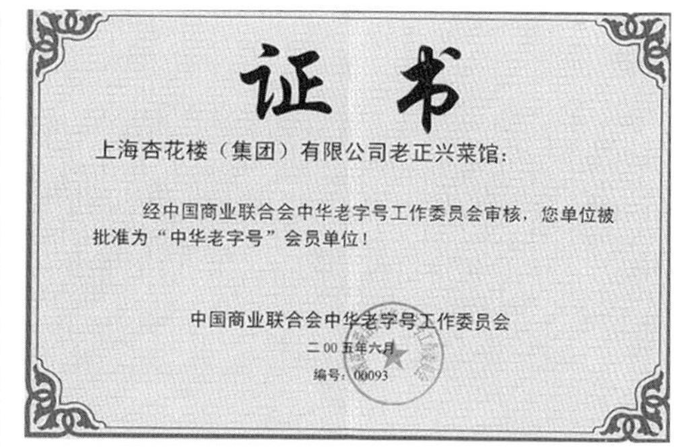
证书

上海杏花楼（集团）有限公司老正兴菜馆：

经中国商业联合会中华老字号工作委员会审核，您单位被批准为“中华老字号”会员单位！

中国商业联合会中华老字号工作委员会

二00五年六月

编号：00093

“老正兴”之争的功与过

“同治老正兴”为锡帮入沪奠定了一个良好的发展方向；

“源记老正兴”开始主动探索用本地风格改造无锡传统菜；

而夏顺庆的两家“老正兴菜馆”，则开始系统而仔细地将无锡菜本帮化进行了较为深入的梳理和总结。

这三家当时最有影响力的“老正兴”，虽然菜品都差不多，看上去像是一个模子里套出来的。但三家的经营方式暗地里却有许多细微的差别。

“同治老正兴”吃老底子，虽然在外行看来，他们的菜品也不算差；“源记老正兴”只靠一个曹金泉，研发力度有限，虽然他们比“同治老正兴”多走了几步，但后劲不大；真正厉害的是第三家“老正兴菜馆”，这一家一开始就憋足了劲要想集大成，而且他们没有所谓的厨房老大，认理不认人，完全凭菜肴质量来决定厨师地位。

若干年后，经历了上海解放、公私合营、文化大革命、改革开放等诸多风风雨雨之后，当年的120多家“老正兴”，往往都因为各式各样的原因歇业或者合并了，还有不少整体被迁往北京、芜湖等其他城市，但唯一留下来的“老正兴”，恰恰正是当年夏顺庆的这个有点名不正言不顺的后起之秀。

精明其实并不是偷奸耍滑的小聪明，尽管它们看上去往往差不多，但这两者之间精妙微纤的内在区别，在于是否遵从事物发展的客观规律，这才是上海文化真正具有生命力的地方。

这就是上海滩！！！

同泰祥“亲民”也是“精明”

如果将本帮菜系中的四大著名餐馆比成是一个家庭的话，那么荣顺馆是性格稳健的老大，德兴馆是年富力强的当家，老正兴是招赘来的女婿，而同泰祥则是憨厚可爱的后生。

之所以这样形容同泰祥，是因为同泰祥的出现，一直是本帮菜诸多餐馆中最为亲民的。

同泰祥酒楼始创于1930年，店址位于现在的西藏中路497号，这是个靠近如今人民广场的地方。这家店最初的创始人是崇明人龚同健，创业之初的同泰祥，主要经营崇明老白酒，兼营鱼、虾、蟹等为原料的一些经济实惠的菜肴。和许许多多的本帮小菜馆一样，这家小店起初并没有多少值得人们记住的地方。

从1938年淞沪会战结束开始，到1941年底太平洋战争爆发，这段时期的上海是相当独特的。因为日本军队虽然赢得了淞沪会战，但日本人当时还没敢公开与西方列强撕破脸皮，于是，“中立”的上海租界就成了沦陷区内的“孤岛”。

当时的国民政府正是利用了上海复杂的国际形势，将原来在上海的一

■ 淞沪抗战期间的上海街头

部分政治、经济、文化机构撤入租界，利用租界的"中立"政策维持正常的运转。许多持抗日态度的民间机构撤入租界，利用租界作为掩护继续进行抗日斗争，还有大批难民为躲避战火也进入租界。因为租界处于日军的包围之中与外界隔绝，处于"孤岛"中的上海租界反而迎来了一种畸形的繁荣。

那时候全中国的抗战时局是这样的：经过了武汉会战、南昌随枣会战、第一次长沙会战和桂南会战以后，对垒双方的战线已经被明显地拉长，而日军已经停止了全局性的进攻。

而国际上，德国刚刚在一场闪电战中占领了波兰，而名义上保持中立的苏联于1939年8月和德国签订《苏德互不侵犯条约》后，也陆续占领或者吞并了其在欧洲边界的邻近六个国家。

那时候处于"孤岛"中的上海生意人，都和同泰祥的龚老板一样处于一种"痛并快乐着"的矛盾心情之中：一方面，生意确实是更好做了，这是值得高兴的；但另一方面，他们高兴不起来的是，谁也不知道这样的"好日子"能维系多久。毕竟在残酷的战争面前，这些小生意人的命运就像秋风中的树叶一样。

于是，熬到1941年，也就是抗日战争处于相持阶段的时候，同泰祥换了个大胆的新主人，本地人郁金康。

很难想像当初的龚老板和郁老板是如何算这笔账的。反正，龚老板的判断没有错：乱世的生意不好做。就在他盘出同泰祥不久的1941年12月7日，太平洋战争爆发了，日本人在偷袭美国珍珠港的同一天，撕下脸皮占领了租界，"孤岛"不复存在了。

文匯報

津浦線發生激烈戰

華軍兩路包圍濟甯

和縣日軍撤退華軍進駐

宜昌昨日首次遭受空襲

漢口上游首次空襲

軍法會審判決

韓復榘執行槍決

許大使歸國中

昨晚乘輪抵滬

0190

■ 抗日战争胜利后的上海街头

但郁老板的账似乎也没有算错：不管仗打成什么样，也不管时局变成什么样，反正谁来管着租界，这里的人都得要吃饭。而且后来的时局也的确还不算坏，虽然英美在公共租界内的管理人员和侨民被日军送进了集中营，但这毕竟不干小老百姓什么事，而且汪伪政权接管后的租界仍然还是一片灯红酒绿的花天酒地。

“反弹琵琶”的郁老板

郁老板接管同泰祥以后，不仅没有缩手缩脚地担惊受怕，相反，他重金请来了本地名厨，一心努力经营本帮菜，而这位大胆的郁老板最为重要的“生意经”，就是把“价廉物美”的餐饮铁律坚持到底。

当时一片萧瑟和惶然之中的上海滩，忽然“冒”出来这么一家“反其道而行之”的本帮餐馆，这给当时处于惊恐和凄苦之中的上海人送来了难得的一丝温暖。更重要的是，同泰祥于乱世之中的这种“经济实惠”、“量多质优”经营策略，与大发国难财的许多日伪汉奸的行事法则大相径庭。

于是，同泰祥和那里推出的“大白蹄”、“砂锅大鱼头”、“全家福”、“竹笋鳝糊”、“糟猪爪”很快地在上海滩“扬名立万”了。上海滩的许多

■ “糟货”至今仍是上海人餐桌上必不可少的冷菜

工商界巨头以各沪上文化名人，纷纷在同泰祥宴请客户。当时刚刚闯出名头来的滑稽戏演员姚慕双、周柏春的演出场地在“新世界游乐场”（今新世界商厦），距同泰祥不远，他们当然是同泰祥的常客，他们也常常在自己的滑稽节目中提到他们都非常喜爱的“糟猪爪”，这就使得同泰祥的名气更响亮了。直到上海解放前，同泰祥的生意都一直十分兴隆。

相关链接

建国以后，同泰祥的命运似乎比较“糟”。

这家著名餐馆解放后继续保持原来的诸多经营特色。1978年被列为上海接待外宾的定点饭店。1983年翻修扩建为三层楼，同时新增的糟卤菜外卖，为上海餐饮业带来了一股“糟味菜肴热”，那时候每年夏秋之季同泰祥推出的糟猪爪、糟鸡、糟肚、糟肉乃至糟毛豆，都成了上海的一种地道风味。1988年，同泰祥“糟鸡”被评为商业部优质产品。

1993年，同泰祥酒楼因城市改造，迁至金陵东路317号（近盛泽路）继续营业，1995年，因餐饮网点调整而歇业。

这是本帮四大名店中不复存在的一家老字号。更多的不太著名的本帮老餐馆因为各种各样的原因都差不多在改革开放以后的八九十年代关闭了。连同泰祥的命运都没人关注，就更别提这些可怜的小餐馆了。而本帮菜的味道也在这种“格式化”的城市改造中一点点地变味了。

从这个意义上来说，不仅是同泰祥，整个本帮菜系从辉煌的过去走到落魄的今天这步田地，也的确是够“糟”的。

姚慕双、周柏春在滑稽戏中的“免费插播广告”所提及的“糟猪爪”，其实只是同泰祥诸多“糟货”中的一种而已。事实上，上海人所谓的“糟货”，其实就是在同泰祥这里才开始叫响的。而同泰祥在本帮菜上所做出的最大的贡献，就在于它接过了“大同酒家”的糟字大旗，并将本帮香糟的文章进一步做大了。

淮海中路上的卤菜外卖窗口

在大同酒家那个年代（大同酒家始创于清咸丰四年），“糟”只是苏州人来上海开餐馆的一个秘密武器而已，此后上海的各大著名本帮菜馆都在做“糟”，而且德兴馆的“糟钵头”做得还相当的不错。但同泰祥的亲民之道在于，它把糟货中的冷菜，也就是“糟卤菜”做成了一个全新的品类。这为后来的20世纪80年代，同泰祥的系列“糟货”在上海掀起了一股“糟味菜肴热”，打下了坚实的基础。

本帮的香糟味型具体到菜肴运用上，又再细分为“生糟”、“熟糟”、“汤糟”这三种手法。这种细化当然离不开本帮菜系诸多前辈厨师的功劳，但把这篇“糟”字文章做得如此精细，同泰祥功不可没。那时候的本帮厨师似乎天生就带着“海派”基因，他们在本帮香糟的基础上不断地钻研如何进一步加工，最终使得“香糟味型”占据了本帮菜中仅次于“浓油赤酱”的重要地位。

“厚道”也是“味道”，“亲民”也是“精明”。

这就是同泰祥的生意经！

■ 吴淞口是长江入海口上最大的一个镇

吴淞出了家合兴馆

作为上海的郊区，吴淞镇的名气可能不算太响亮。不过您可能听说过黄浦江从这里汇入长江，而吴淞口也是长江的入海口上最大的一个镇。

鸦片战争时（道光22年，即1842年），67岁的老将陈化成，在上级（两江总督牛鉴）与下属部将纷纷临阵脱逃的古炮台上，独自率领数十名亲兵，向英国侵略者开炮直至战死。此后1937年淞沪抗战中，在同一个地方，黄埔第六期学员姚子青少校率领他的500多名壮士，死守吴淞两昼夜，战至最后一人，壮烈殉国。而抗战中新四军著名的“51号兵站”的故事原型“一德大药房”，也座落在这个小镇上。

和江南许多地方一样，吴淞镇的百姓之所以如此铁骨铮铮，正因为他们真正地热爱生活。而佐证之一，便是吴淞人第一个把红烧鮰鱼做成了本帮红烧菜式中无可争议的“头道工夫菜”。

红烧鮰鱼 ——本帮头道“工夫菜”

本帮菜中的红烧鮰鱼是——道什么样的“工夫菜”呢？

从外观上看，这道菜色泽枣红光亮，卤汁如胶似漆，鱼块虽软糯绵滑，

■ 陈化成像

■ 姚子青像

却块块完整、不碎不糊。

最好用筷子配合着调羹将一块鮰鱼赶到嘴里，毋须用牙，只须将舌头含着鱼块向上腭顶去，你就会体会到一种“浓墨晕染在清水里”的柔美：那是一种口感上极致熨贴的细腻柔滑，与此同时，你会感受到一团浓厚馥郁的甜美酱香在口中云雾一般地层层化开。食此美味者无不闭目聆神、摇头赞叹。

上海人把这种“妙处难与君说”的极致神韵称为……“嗲”！

不过，不是任何一道美味都有一个什么“神秘配方”的。中华名菜中的绝大部分，往往都是好几代人对烹饪之美的不懈追求才最终得来的，所以，比起那些神叨叨的“配方菜”来，“工夫菜”往往更加富有美食文化的底蕴。

淞兴路是吴淞的代名词，没有淞兴路，也就没有吴淞老镇。而说到淞兴路老街，最大特色就是商业繁华，淞沪抗战之前，把淞兴路称为宝山的“南京路”一点也不为过。百货店、大药房、绸布庄、南货铺、照相馆、理发店、饭店酒肆……分门别类，应有尽有。

1937年“八一三”事变爆发后，驻守吴淞的姚子青营全体将士壮烈殉国，随后不久上海沦陷。此时吴淞镇上繁华的淞兴路已经是一片废墟了。永兴馆本是这条老街上最著名的菜馆，倒霉的老板刚开业还不满半年，店址就被侵华日军的炮火夷为平地了。

黄宝初本是永兴馆的“头灶”，除了卖力气烧菜，他不会干别的。再说

■ 水产品交易至今仍是吴淞镇码头的一大特色

他总觉得战事过后，人们还是要吃饭的。于是，1938年，他联合同乡五人，每人出资一百元共六百元（当时的银元是很值钱的），在淞兴路、同泰路的“徐洪盛百货店”的地基上搭盖了一个简易棚子，取名为“合兴酒菜馆”。

合兴馆刚开业时，生意并不好做，因为刚刚经历了战火的缘故，吴淞镇自然人气不旺，由于资金周转不开，黄兴初一度曾将店子暂时盘给他人营业。不过，1938年武汉会战之后，侵华日军的战线被拉长了，抗战开始进入到了相持阶段。随着主要战事的西移，地处上海郊区的吴淞镇主要由少数日本宪兵和伪军的江防部队驻扎。

黄宝初他们不知道的是，由于这里通江联海，重建中的吴淞镇自然引起了交战各方的重视，这里也就自然演变成了一个“国、共、日、伪”多方交锋的“地下战”的新战场。而这个“51号兵站”故事的原发地的这种畸形繁荣，又反过来带旺了合兴馆的生意。1940年，看到了增长势头的黄宝初再次盘回了饭店。

合兴馆当时主要经营本帮大众化菜肴，如红烧肉（上海当时称“炒肉”）、豆腐汤、汤头尾这些流行于上海的地方小菜。如果说这家小店有什么特色的话，那自然是“靠水吃水”，卖长江水产，比如清蒸刀鱼、白汁鮰鱼（这是淮扬菜的一种精致做法，本帮菜版的红烧鮰鱼是后来的事）。

吴淞镇临近黄浦江入海口，是渔船的停泊点和渔贩的落脚地。每当鱼汛来临，“永昌”渔码头人山人海，吴淞镇居民蜂涌而至，那里当然可以买

相关链接

20世纪90年代末，因为市政建设和老城镇改造，合兴馆关门歇业，其技术力量大多并入吴淞宾馆。

而长江鮰鱼也因为水质变化的缘故鲜有野生者供应，红烧鮰鱼的原料一度改从湖北供应，但近年养殖成本急剧攀升。

上海市面上的红烧鮰鱼目前以养殖的“糯性鮰鱼”为主，而经得起文武火反复“蹂躏”的那种质地较紧的“艮性鮰鱼”已难觅其影。故而如今不同本帮餐馆的红烧鮰鱼的烹饪工艺不尽相同。

本书中所记述的技法取自于吾师“上海鮰鱼王”黄才根。他曾在吴淞宾馆工作多年，红烧鮰鱼的工夫就是每天这样锤炼出来的。

到不少便宜的大黄鱼、小黄鱼及各类海鲜，而海门、启东、崇明一带长江里的各种时鲜水产，也会运到这个当时的“大型渔市”来交易，这些船民们大多上午来交易，下午才离开，于是中午一顿饭当然就只能在镇上吃。这些普通食客们给合兴馆带旺了人气，但他们的吃喝档次还只够得上消费金字塔的塔基。

合兴馆的前身永兴馆就做“红烧鮰鱼”，但当时的“红烧鮰鱼”还差了一口气，那就是没有形成后来本帮红烧奉为圭臬的“自来芡”，只是普通的红烧而已，味道是不错的，但是远没有今天这样的神韵。

随着抗战时期吴淞镇越来越繁华，以江防部队为首的伪军头目以及双面间谍们也纷纷学会靠水吃水地“捞油水”了，他们对于各种药品、军火等物资的倒卖和纵容逐渐催生了一种当时秘而不宣的“腐败”（这些故事在电影《51号兵站》里有很多活灵活现的反映），而大凡腐败往往必离不了吃喝，合兴馆是当地战后最著名的一家餐馆，这些饕餮食客们对于吃喝的档次要求自然也越来越高。

黄宝初做了个“鮰鱼梦”

黄宝初当然不是傻子，他可不管这些胡吃海塞的有钱人“到底是姓蒋还是姓汪”，他想要吸引住这些一掷千金的大佬们，就必须要把菜肴质量抓上去。

据说，黄宝初当年做了个梦，在他关馆当日的早晨，有一条大青蛇闻香

■ 黄才根在残存的淞兴路老房前指认当年的合兴馆等旧址

■ 如今的淞兴路被改造成一条步行街

烟而消遁。当夜，他又梦见大青蛇口衔一条鮰鱼游至床前，黄宝初惊醒后思忖，认为此乃神蛇指点，酒菜馆当以鮰鱼为主，打出品牌，于是后来，他才重开菜馆。

这当然是精明的上海生意人的促销手段，但这个荒诞的故事背后，真实的背景是他当时请来了宝山当地的大厨师，仔细推敲了长江鮰鱼的每一步细节烧法，把“原汁原味，一火而就”的文火菜“红烧鮰鱼”，变成了“两笃三焖，三次补油”的、“复合红烧”的“自来芡”技法。

从现在的历史资料来看，我们无从考证当年具体是哪一位高人做出了这一步革命性的改良。但可以肯定的一点是：到20世纪30年代时，红烧技法在本帮菜的各种技法中已臻成熟，德兴馆、荣顺馆、老正兴等大牌菜馆的红烧技法已经形成了许多约定俗成的厨房套路。虽然宝山离市区较远，但宝山本来就是个名厨辈出的地方（宝山帮是本帮菜三大发源地之一），在厨艺圈子内，可以称得上本帮高手的，也就是那么屈指可数的几个人，只要请对了人，距离不是问题，技术当然也不是问题。

红烧鮰鱼风行沪上

合兴馆的红烧鮰鱼在当年创下了多大的名头呢？

当时上海的报业相对较为发达，而不少小报上都登出了“要吃鮰鱼，请到吴淞合兴馆”的广告。于是一些商人便慕名前去品尝，以致形成了“郊游吴淞，品尝鮰鱼”的习风。

红烧鮰鱼成了合兴馆一绝以后，沪上本帮名店德兴馆、老正兴的经营

■ 红烧鮰鱼

■ 上海“鮰鱼王”黄才根

者和厨师也前去观摩，暗中偷师学艺（这种风气一直沿袭到现在的餐饮市场）。后来市区内的许多家著名本帮菜馆也陆续有了红烧鮰鱼这道菜。

当时上海最为精致的私房菜要数中国银行公馆的淮扬菜莫氏父子兄弟的“莫有财大厨房”，父亲莫德峻带出三个儿子来，个个厨艺精通。老大莫有庚偏重于“炉”（掌勺）、老二莫有财偏重于“案”（切配）、老三莫有源偏重于“碟”（装盘）。而头灶老大莫有庚竟三次前去合兴馆品尝取经，后来红烧鮰鱼也成了莫家菜宴席中的一道名菜。

解放后，复旦大学教授苏步青曾为此一味，多次专程去吴淞镇的合兴馆，并以此雅好而颇为自得（要知道当时不通地铁的，交通极不方便）。

国家副主席宋庆龄久居上海，50年代末在当时的海军司令萧劲光大将陪同下视察张庙一条街时，还特意请来合兴馆名厨烹制红烧鮰鱼。

不过，这些都是闲话，要把“红烧鮰鱼”的名堂讲清楚，靠这些故事是远远不够的，“红烧鮰鱼”到底“嗲”在哪里，且听下文分解。（详见本书之《红烧鮰鱼的“嗲”》）

功德林的“功德”

中国的素菜分为宫廷素菜、寺庙素菜和民间素菜这三大支流，其中以民间素菜成就最大。而提起民间素菜，就不得不提中国美食史上承前启后、开宗立派的著名素菜馆——上海功德林。

1922年，杭州城隍山常寂寺维均法师的弟子赵云韶居士在上海创办了功德林素食处。在那个年代，民间素菜的研究还很初级，基本上停留在“蔬菜”的水平级上。功德林刚刚开办时，只能做一些经济素菜和普通斋饭。但那个年代上海商业的兴盛，必然会带动佛教寺庙里的香火，烧香拜佛的人越来越多，赵云韶发现生意越来越好做了，但同时他也发现，仅靠“素什锦”、“菜包子”、“冬菇菜心”、“雪菜竹笋”这样的简单菜式，已经很难满足食客的要求了。

但赵云韶要想在十里洋场上闯出一块新天地来，并不是一件容易的事。

一方面，上海的餐饮市场已经开始包罗万象，在东起外滩、西至西藏路、北临苏州河、南抵复兴东路的狭小空间内，来自国内各地16个帮别的餐馆正拼得火热，而法、俄、德、意等各式西餐也正方兴未艾，留给赵云韶的商业空间并不太大。

而另一方面，旗袍与西服、电影与话剧、月份牌和水彩画、黄包车与小汽车、夜总会与歌舞厅等眼花缭乱的新时尚，使得十里洋场充满了活力与创新的新鲜空气。经过近百年的商业浸润，上海在出版、戏剧、电影、广播、文学、游艺、娱乐等几乎所有文化领域都得到极大的发展。这是摆在赵云韶面前的一个新机会。

为了“弘扬佛法、戒杀放生”的信念，也为了立足上海滩的江湖生意经，赵云韶从宁波天童寺、常州天宁寺、杭州招贤寺等著名寺院聘请有相关经验的厨师压住阵脚，而另一方面，他破天荒地请来了两位做荤菜的名厨姚志行、葛兆源。

没有人知道功德林下一步的素菜该怎么做，但不是厨师的赵云韶做出了一个普通厨师难以想像的大胆创意，那就是请最好的荤菜厨师来做素菜，用素菜仿制出荤菜的口感和味道来。当然，那会儿可能赵云韶自己也不知道该给这个创意叫个什么风雅的名头，反正他定下了一个原则：“荤菜有一样，素菜就有一样。”

姚、葛两位师傅本是淮扬派出身，闯荡上海数十年，他们的一身厨艺得到了市场认可，而十里洋场上的诸多烹饪流派，也大大开阔了他们的眼界。

他们没有专门做过素菜，但对于一个经验丰富的厨师来说，重要的是用什么样的思路去考虑问题，至于做没做过素菜，这根本就不是一个问题。

功德林的“戏法”

素菜行业里传统的四大金刚是豆腐、面筋、笋子、蘑菇。其中，豆制品和面筋制品是变形金刚，形状的变化主要靠这二位；各色笋子和各种蘑菇则是百搭行者，各种味道和形状的辅助工作主要靠这二位，再加上黄豆芽、蚕豆瓣、香菇蒂、竹笋根、海带丝、各种块根、瓜果、蔬菜这些跑龙套的，民间素菜的角色差不多都齐了。

厨师当然是这场好戏的总导演。有一手淮扬菜的刀工底子，有一个见多识广的眼界，再加上几十年的荤菜从业经验，功德林的民间素菜先行者们开始变戏法了。

素菜不同于荤菜，鸡鸭鱼肉往往都有着个性鲜明的味性，而素菜最大

■ 功德林的经典素菜

的问题恰恰在于味性普遍都偏淡，如何把普通的素菜做出一种独特的口感和味道来，就成了一个大问题。

所以素菜不得不把所有的工夫都花在研究兵法上。

将南瓜萝卜视为坯，将土豆芋艿化为泥……，这是“借尸还魂”；

给豆腐面筋变了性，把水果蔬菜榨成汁……，这是“上屋抽梯”；

从半成品制作上仿制荤菜的外形、口感与味道，这是“偷梁换柱”；

用糖醋味、姜汁醋味、茄汁味等荤菜常见味型骗过你的舌头，这是“李代桃僵”；

……

一切元素都需要打散了进行重新排列组合，所有技法都需要换个视角重新建立规矩。总而言之，要想唱好“以素托荤”这场大戏，就必须千方百计地“反客为主”。

用面筋捏形炸酥，素排骨出来了；

剪下香菇丝来炸脆，素鳝糊出来了；

用豆腐衣裹上芋泥，素黄鱼出来了；

用土豆泥、胡萝卜泥、笋丝和香菇丝合炒，素蟹粉出来了；

用绿豆粉调上牛奶，开水冲成浓糊再挤成丸子，素鱼圆出来了；

相关链接

宫廷素菜中看不中吃，对原料要求过高，基本失去了继续存在下去的空间。

寺庙素菜称“上素”或“净素”，它所使用的原辅材料必须全部是植物性的食材，不像民间素菜可以用蛋和奶这两种荤料，它甚至不可以用五辛（蒜、葱、兴渠、韭、薤），因为这些东西吃了也会“不清静”。寺庙素菜较少面市，它更多地作为佛教的一种宗教饮食在信徒中流行。寺庙素菜与民间素菜最显著的区别在于，它不允许菜名中带有荤菜的字眼，比如素鸡、素鸭、素火腿什么的都不行，只能用太极芋泥、白璧青云、杨枝甘露、半月沉江、鼎湖上素这样较为含蓄优雅的菜名。因为如果菜名里带着荤料的字眼，你还会老想着吃荤的，这是有妨修行的。

民间素菜除了植物性原料外，可以用蛋和奶，称为“蛋奶素”。

■ 赵云韶像

民间素菜的理念是，菜名中虽然带有荤菜的字眼，但“以素托荤”的“仿荤菜”对于大多数还不懂佛教教义的人来说是个“入门修行第一课”，毕竟你就可以不必吃真正的那个荤菜了，如果你觉得仿荤的菜比原来的荤菜还好吃，那不也算是一件功德吗？但这个理由并不被佛教界人士所认同。

这里顺便说一下，如果你在哪座寺庙的餐厅里看见有卖“以荤托素”的民间素菜的，你大致就可以明白，这个餐厅很可能外包出去了，因为庙里的和尚们（或庵里的尼姑们）可不会这么“拎不清”。

素鸡、素鸭、素火腿、素鱼翅、金刚火方、三鲜鱼肚、松子土司、西米布丁……层出不穷的新式素菜，如雨后春笋般地在同一家素菜馆中诞生出来。

上海人显然被折服了，当时的沪上名人，如鲁迅、柳亚子、沈均儒、邹韬奋、李公朴、章乃器、王造时、沙千里、史良等纷至沓来，沪上人无不以功德林素斋为一种新时尚。

这种被后人总结为“以素托荤”的素菜制作理念，后来成了中国民间素菜的圭臬。

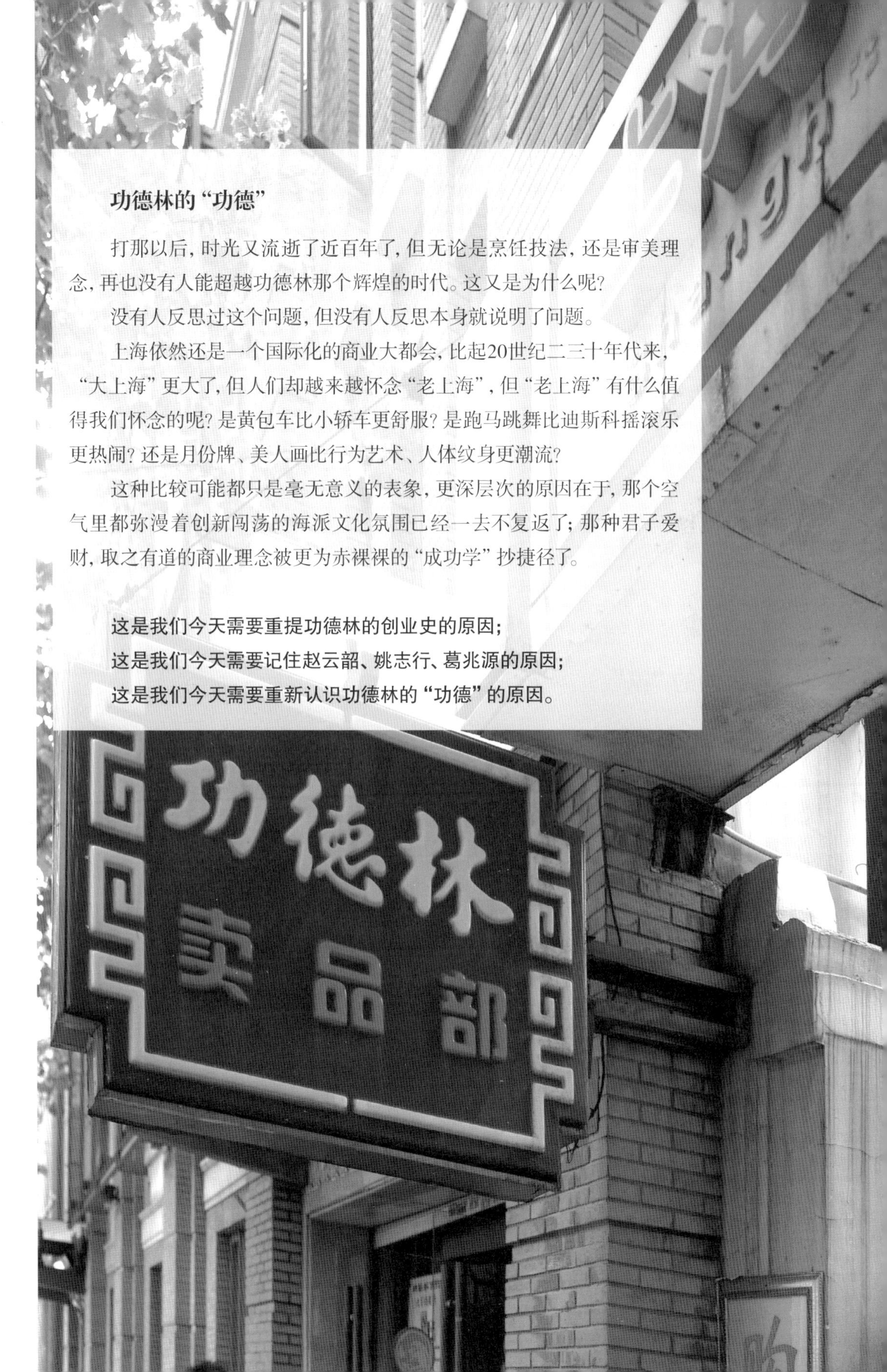

功德林的"功德"

打那以后，时光又流逝了近百年了，但无论是烹饪技法，还是审美理念，再也没有人能超越功德林那个辉煌的时代。这又是为什么呢？

没有人反思过这个问题，但没有人反思本身就说明了问题。

上海依然还是一个国际化的商业大都会，比起20世纪二三十年代来，"大上海"更大了，但人们却越来越怀念"老上海"，但"老上海"有什么值得我们怀念的呢？是黄包车比小轿车更舒服？是跑马跳舞比迪斯科摇滚乐更热闹？还是月份牌、美人画比行为艺术、人体纹身更潮流？

这种比较可能都只是毫无意义的表象，更深层次的原因在于，那个空气里都弥漫着创新闯荡的海派文化氛围已经一去不复返了；那种君子爱财，取之有道的商业理念被更为赤裸裸的"成功学"抄捷径了。

这是我们今天需要重提功德林的创业史的原因；
这是我们今天需要记住赵云韶、姚志行、葛兆源的原因；
这是我们今天需要重新认识功德林的"功德"的原因。

老大同的“家”

六千年前，我们的祖先就发明了黄酒。在精耕细作、任运自然的农耕文明思维体系中，酿酒所剩下的黄酒糟当然也是不可以浪费的，至少远在秦汉时期，中国人就已经开始把酒糟加工成为一种调味品了。

有史可考的相关证据为：汉朝时有了“糟醉腐乳”，晋朝时有了“糟腌蟹”，到了北魏时，贾思勰已经可以在他那本著名的《齐民要术》里淋漓尽致地描写“糟肉”的做法了，从这个角度来看，到了清朝的嘉庆年间，上海人徐三把糟钵头做出了名，显然也在情理之中（详见拙文《糟钵头 最上海》）。

但这种“远古的美味”真正得以不断升华并加以发扬光大，上海人功不可没，而这其中最大的功臣，是一个叫做“老大同”的酱园。

“本帮香糟”的源起

清咸丰四年，也就是1854年，在如今的广东路327号，一家酒店开张了，店名“大同酒店”。这可不是老板来自山西大同就开个大同酒店的意思，而是当家的徐老板有点文化，取了《易经》中“大有”、“同人”这两卦

■ 位于青浦赵巷镇的老大同调味品有限公司，2013年10月老大同迁出上海

的意思来讨个吉利。

徐老板是苏州人，他来上海开店时，那会儿的上海才刚开埠11年，当时的上海还分为南市和北市。南市是相对成熟的老城厢一带，而隔了一条洋泾浜（也就是今天的延安东路），北市那会儿还是个城郊棚户区呢。

那会儿全中国把“糟”这种味型做得最好的就是苏州太仓。早在清乾隆时期，太仓人李梧江就做出了糟油。此后嘉庆年间的大美食家袁枚断言：“糟油出太仓，愈陈愈佳。”这也不是瞎话，当时的《太仓州志》也说：“色味佳胜，他邑所无。”所以自然而然地，徐老板就把“糟”字特色当做一张牌来打了。

不过糟香虽然有特色，但糟可不像酒，极易变质。于是为了便于贮存，他不用太仓的成品“糟油”，而是用半成品“糟泥”，同时，为了增加特色，也为了长期保质，他开始琢磨着在糟泥里兑上各种香料，并密封贮存，不想这一招歪打正着，徐老板居然研制出了后来本帮菜历史上赫赫有名的本帮香糟，并创下了一种独特的“香糟”味型。

起初，这家大同酒家主要供应大众酒菜，兼供糟味卤菜外卖，酒菜有何特色倒不见记载，但本来是兼营的这种清醇爽口的外卖糟香卤菜，在当时还是个小县城的上海倒是引起了不少的轰动，此后开张的各家餐馆或多或少地在他们的菜单上也加上了一部分糟香味型的菜式，有很大一部分原因，是跟了大同酒店的风。

■ 贮存香糟的坛子

为了稳定这种秘密调味品的货源质量，老板娘会定期回到苏州，按照大同酒家的标准向做糟的酱坊“定工艺、定配方、定加工”地下订单，再把这种香糟用船运到上海来。

这种甜蜜的日子维持了徐老板一家的小康生活近80年。

但到了1930年时，外滩、南京路已经形成今天的规模格局了，大同酒家也不得不面对着像荣顺馆、德兴馆、老正兴等一大批“大块头”的餐饮企业对手了。当时的老板徐增德显然不是块“闯码头”的料，也许他生下来就过惯了“小开”的日子了，于是他不得不把酒家转让给元和酱园的经理龚志祥等五人。

从大同酒店到老大同酱园

新老板们接盘后，也要算一笔账，那就是接下来的经营战略怎么定。是继续留在餐饮行业里呢，还是回到他们哥几个擅长的调味品行业里呢？

他们最终决定，退一步回来，只做调味品，具体来说，只做最受市场欢迎的那个“糟”。因为只要上海人还喜欢这一口，那么他们就将永远立于不败之地。

按照当时上海餐饮市场约定俗成的规矩，他们也在招牌前加了个“老”字，以彰显他们的血统身份。这样，最早的“老大同酱园”就形成了。

1936年，浙江人王肇瑞出任老大同酱园的经理，他在原班子的决策基

■ 公私合营期间老大同的商品标签

■ 老大同的糟卤灌装线

础上，又向前推进了一步，出重拳把“糟”这一特色做到极致。

于是他先后与苏州、昆山、青浦、嘉兴、嘉善等地的酒厂合作，取得最能符合香糟生产标准的原料。然后再重金请来太仓的技师精心研制香糟味型的配比。直到最终，他们终于定下香糟生产的全部工艺流程。

也许今天的人们只记得杜月笙是如何怀念“糟钵头”风味的那个故事了，但很少有人知道，如果没有“老大同”工艺定型在前，“糟钵头”也许很难做到让杜月笙如此念念不忘。（详见拙文《糟钵头 最上海》）

也可以这样说，后世本帮菜中的许多糟香味型的名菜，如果离开了“老大同”的这批前辈们，也许根本连名都出不了。

王浩秋——从糟工到糟头

公私合营后，老大同酱园迁到了不远的广东路233号，并更名为上海老大同油酱店。历经几十年的发展，此时的老大同香糟早已在业内成为本帮菜的一种秘密武器了。而它捧红的最著名的一家餐馆，就是本帮菜四大名店之一的“同泰祥酒楼”（另三家是荣顺馆、德兴馆、老正兴）。

1976年，高中毕业的王浩秋被分配到上海老大同油酱店。“文革”过后的上海人对于城里老字号“国营单位”的重视程度是今天的人们很难想像的。王浩秋在这里”学生意”很卖命。

1954年开始的公私合营，是解放后国家对民族资本主义工商业实行社会主义改造所采取的一种方式。简而言之，当家人是“公家”的，但以前的老板作为“资方代表”可以享受较高的工资和股份分红。历经了“文革”以后，资方代表们一般都噤若寒蝉了，在阶级斗争为纲的年代，“哪个虫儿敢作声”呢？

但认认真真的王浩秋很快发现，这家老字号中，真正掌握技术核心的，都是单位里谨慎寡言的“资方代表”。

香糟的生产工艺看起来很简单，将酒厂的黄糟运来，拌上老曲引子，再加上磨碎的香辛料，一起搅拌均匀后，封进小口的陶坛子里，陈放两年就可以了。

但细细推敲下来，这里每一步都暗藏玄机。

比如酒糟是味道的底坯，原料酒糟不好，香糟根本出不来，而原料糟是与黄酒厂的生产工艺分不开的，所以要做糟，先得懂做酒。

比如作为发酵种子的老糟曲种与原料糟的份量配比是多少，一定要把握“轻酵慢涨”的原则，也就是说不能放得太多，要在确保全部香糟发酵的前提下，尽量少地用老糟曲。要靠时间来慢慢地唤醒酒糟全部均匀地发酵，这样才会有一种岁月沧桑的浓郁陈香。

再比如香糟味型的点睛之笔是中药香料配方，香料可以多一味，也可以少一味，比例可以多一点，也可以少一点。就像炒菜时放的盐和糖一样，有一个宽容的范围，但一定有一个最佳的比例。但这个比例老师傅一般是不外传的。能够传给你的比例也能用，但往往少了一口味道上的神韵。

王浩秋是高中毕业生，在恢复高考前的1976年那会儿，他几乎算是单位里高学历的知识分子了。

但他也是一个有心人，在这一点他秉承了老一代上海技术工人的优良传统——踏实认真、刻苦钻研。

随着老一代师傅们的退休，王浩秋成了厂里为数不多的掌握香糟生产全部技术核心机密的人。但是，这有多大的“用处”呢？

“老大同”的新尴尬

1993年，改革开放后的上海显然已经容不下闹市区里放着这么一个酱园子了。老大同搬到了位于郊区的青浦县赵巷镇，名字也改为“上海老大同调味品厂”。王浩秋任厂长。

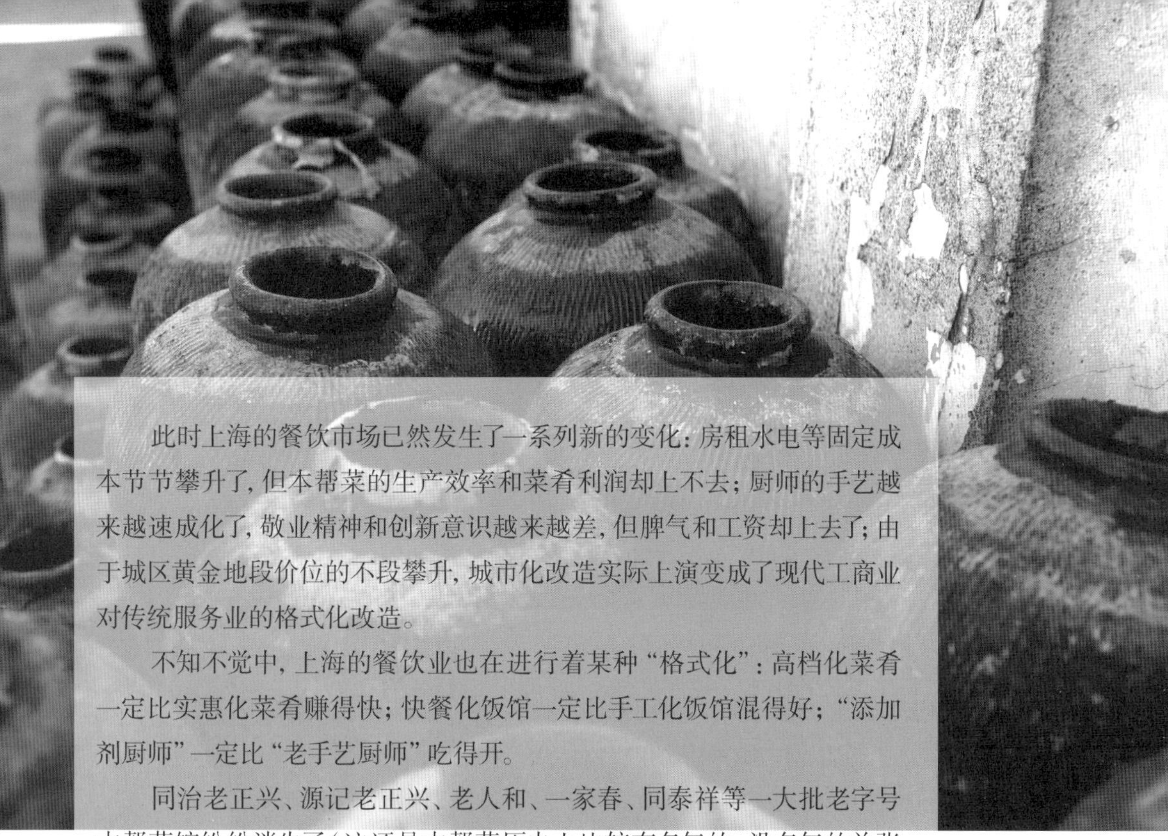

此时上海的餐饮市场已然发生了一系列新的变化：房租水电等固定成本节节攀升了，但本帮菜的生产效率和菜肴利润却上不去；厨师的手艺越来越速成化了，敬业精神和创新意识越来越差，但脾气和工资却上去了；由于城区黄金地段价位的不段攀升，城市化改造实际上演变成了现代工商业对传统服务业的格式化改造。

不知不觉中，上海的餐饮业也在进行着某种"格式化"：高档化菜肴一定比实惠化菜肴赚得快；快餐化饭馆一定比手工化饭馆混得好；"添加剂厨师"一定比"老手艺厨师"吃得开。

同治老正兴、源记老正兴、老人和、一家春、同泰祥等一大批老字号本帮菜馆纷纷消失了（这还是本帮菜历史上比较有名气的，没名气的关张的就更没法统计了）。

王浩秋的地盘比原来更大了，但老大同香糟的销路却比原来更差了，这是王浩秋无能为力的。

但更麻烦的还在后面。香糟生产本来是一种根据传统经验试制出来的调味品，如果要扩大销路，显然使用起来更为方便的香糟卤比需要再次加工的香糟泥更好卖。

要把香糟泥加工成香糟卤，技术上一点不难，只需要在香糟泥里兑点黄酒和水，入味以后再滤掉糟渣杂质即可。一包香糟泥市售6.5元，一瓶上

相关链接

老大同先是搬到了苏州市角直镇，与当地的一家老字号酱园合并；后来苏州角直镇也面临着和上海赵巷镇同样的发展情况，老大同再次"失乐园"。不过，幸而上海奉贤区给了老大同一块地皮，老大同算是回到了上海。

■ 2013年10月7日，王浩秋在青浦赵巷接受采访，此时设备正在搬运中

好的陈年黄酒市售至少18元，加工出糟卤来本应比黄酒更贵才对。但现代食品工业的“技术”，可以使一瓶香糟卤仅售5元。

如果王浩秋也想做香糟卤的话，那么他的产品得过几道指标关，比如酒精度含量大于等于1.5；总氮含量每100毫升大于等于0.18克；污染物、真菌毒素、微生物含量也有相应的限量等。这些林林总总的食品化学指标几乎意味着香糟卤最重要的市场通行证。

但就像如今的高考一样，五块钱一瓶的香糟卤成了业内人人皆知的、味道上的“高分低能”者，它当然还是香糟卤，但那种四平八稳的香型是完全不可能让当年的杜月笙魂牵梦萦的。比起“欧、颜、柳、赵”来，印刷体的“楷书”要更“科学”和“规范”，但印刷体的“楷书”却没有“味道”了。

从监管部门的角度出发，出台这样的管理规定是无可厚非的，毕竟没有规矩市场会更乱。但这种只认硬指标不认软文化的“科学”态度，是存在着明显的漏洞的，因为它换了一种方式更为直接地宣判了传统风味的死刑。

尊重科学与尊重文化是彼此矛盾的吗？以物为本的“标准”一定高于以人为本的“规矩”吗？

没有人回答这个问题，或许这个问题真的“很傻很天真”吧。

2013年10月，老大同在青浦的租地合同到期了，赵巷镇也对这块地皮有了更具“发展前景”的规划。于是，这个上海最地道的糟香风味生产基地从此不得不搬出上海。

而此时，王浩秋本人已经58岁了，再过两年，他也得退休了。

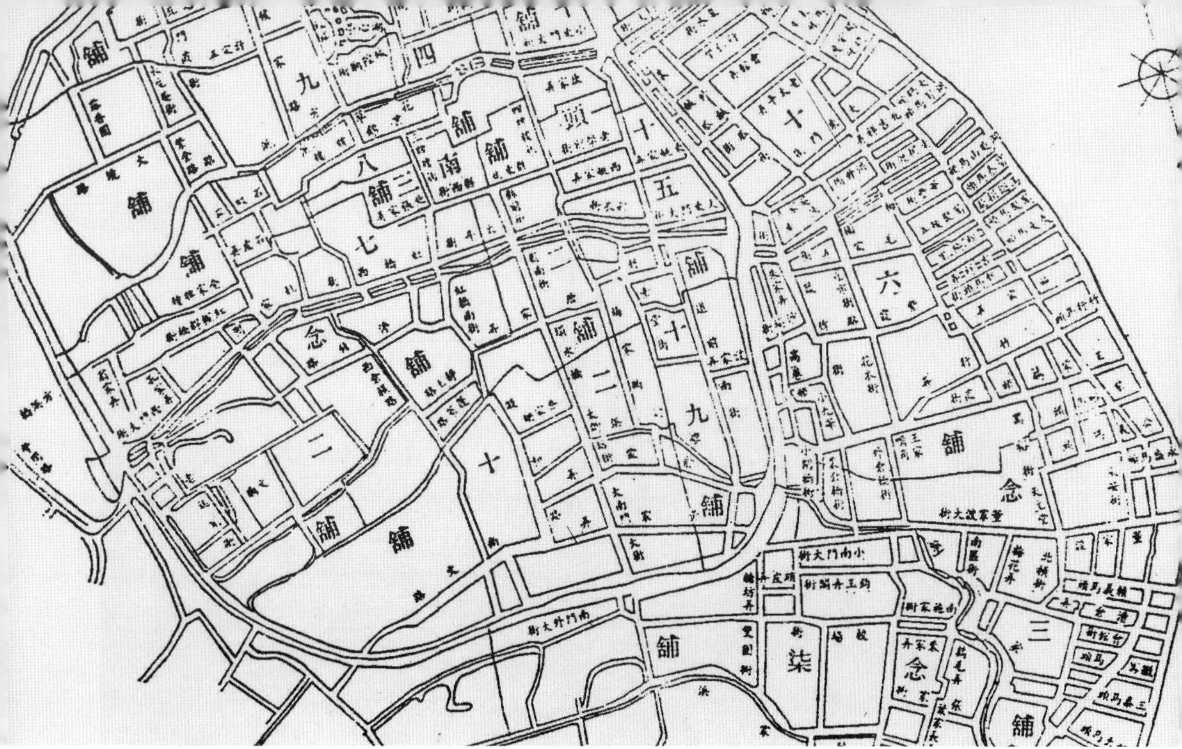

■ 清同治年间上海分铺图

外一篇：不得不提的十六铺码头

本帮菜的起源与十六铺码头直接相关，可以说如果没有十六铺码头，那么英国人不会看中上海，鸦片战争后就不会有上海开埠，再接下来上海的一切都不会发生。

“十六铺”这个地名的首次出现，是在清朝的咸丰、同治年间。为了防御太平军进攻，当时的上海县将城厢内外的商号建立了一种联保联防的“铺”。由“铺”负责铺内治安，公事则由铺内各个商号共同承担。最初计划划分27个铺，因为种种原因实际只划分到了16个铺（即从头铺到十六铺）。而其中第十六铺是16个铺中区域最大的，包括了上海县城大东门外，西至城濠，东至黄浦江，北至小东门大街与法租界接壤，南至万裕码头街及王家码头街。1909年，上海县实行地方自治，各铺随之取消。但是因为十六铺地处上海港最热闹的地方，客运货运集中，码头林立，来往旅客和上海居民口耳相传都将这里称作“十六铺”，作为一个地名，这个名称也就存用至今。

十六铺码头的海运早在清代乾隆时代就已经发展起来（只是那时候还不叫“十六铺”这个地名），当时海禁开放，沿海贸易繁荣。而受制于当

■ 20世纪30年代的十六铺码头

时的造船水平，当时中国的海运并不能直接南北通航：广东和福建的南船吃水较深且比较高大，适合在东海、南海的沿岸深水海面航行；而上海及其周围地区的沙船（以砂来压舱），船底较平坦，吃水较浅，适合在黄海、渤海等沿海浅水海面航行。正是由于南船不能北上，而北船又不能南下，上海就成了当时中国海运的南北中转站。

1832年（道光年间）的初夏，为了解上海的航运现状，逼迫清政府开放上海，一名东印度公司的职员和一名英国传教士，躲在吴淞口的芦苇丛中整整一个星期。他们惊讶地看到，一周之内竟有400余艘大小不同，载重自一百吨至四百吨的帆船经吴淞口进入上海。推算下来，上海十六铺的全年运输量当超过500万吨。东印度公司在给英政府的报告中说：如果他们看到的货船数是全年平均量的话，那么上海港不仅是中国的最大港，而且是世界的最大港之一，不亚于英国的伦敦港。

开埠之后的十六铺，外资、中资的航线均集中于此，它成为了中国轮船业的大本营。除去南北商品的运输外，每逢天灾人祸，各地的难民都乘船从十六铺来到上海。十六铺，是那个时代上海的门户，也是上海最混乱的地区

之一。公开的烟、赌、娼之外，还有地下的青、洪帮会。如果说，“十里洋场”是外国人的“冒险家乐园”，十六铺就是中国人的“创业者天堂”。

不过，清朝中叶以前，运河水运的繁荣要远远盛于海运，而十六铺码头实际上处于运河体系的边缘，所能发挥的功能有限。但是，一场农民运动给十六铺码头带来了新的机遇。1853年太平天国在南京定都后（此时距离1842年上海开埠仅11年），江南变成了战区，运河水系自此被拦腰截断，全线衰落。因为运河不能贯通，中国南北的物资联系从过去的以河运为主被迫改成了以海运为主。

十六铺码头从此正式奠定了它在中国的航运中心地位。而十六铺码头的超常发展和快速繁荣，带动了外来人口的大量流动，包括本帮菜在内的上海海派文化，由此开始萌芽。

本帮菜的秘密

上海老味道的核心，就是本帮菜厨房里的秘密。

需要说明的第一点是：

本章所描述的不是菜谱，而是菜谱上一般不写或难以写清的内容。
所谓的菜谱，其实只相当于练习书法时的那本字帖，照菜谱来做其实只是“描红”。
但“描红”仅仅只是开始，接下来必须“临”和“摹”，这是一个用心学习的过程。
本章所涉及的本帮菜技艺，也只不过相当于书法练习中的“临摹”解释而已。

需要说明的第二点是：

那种动辄就自诩为“唯一正确”的做法，往往是不够严谨的。
因为即使是传统经典本帮菜，仍然在操作细节上存在着不同的版本。
为了描述方便，本书最终只取了其中比较经得起推敲的一种，只是相对合理而已。
美食的核心内容当然在于那个“美”字，而不是那个“食”字。
这个“美”说白了是与烹饪原料学、烹饪工艺学、烹饪化学、烹饪营养学分不开的。
这个“美”又与地方历史、民俗文化、文学艺术乃至审美哲学有关。
所以这一章节，以烹饪技艺为核心，稍带相关的其他美食文化元素。
本篇的所有内容均经过李伯荣、任德峰、黄才根、周元昌等本帮菜烹饪大师指正。

本篇中的绝大部分实例照片摄自上海老饭店，这也是国家级非物质文化遗产“本帮菜传统烹饪技艺”的具体保护单位，部分摄自其他本帮名店。

腌笃鲜的生命力

腌笃鲜以奶汤为上、浓汤为中、浑汤为下，出品菜标准应为浓汤。如见一锅既不清又不白的浑汤，则可断定要不就是火力太小，要不就是时间不够。

腌笃鲜的汤应该是一种既不同于咸肉，又不同于鲜肉的复合味，难以言传，但极有个性，如果汤色偏清，汤味寡淡，则可断定是选料不佳或火候不到位。

咸肉要酥、鲜肉要烂、笋子要嫩、百叶结（如果有的话）要绵。常见问题是咸肉过硬过咸，鲜肉肥肉太腻，瘦肉太韧，笋子发软，百叶结过硬。这都是原料或做工出了问题。

“腌”指的是咸猪肉、“鲜”指新鲜猪肉，“笃”指用小火滚烧时所发出的声音。此菜鲜肉与咸肉同烧，春笋清鲜脆嫩，汤汁鲜美异常，有一种浓郁的江南风味。

腌笃鲜是一道地地道道的上海风味汤菜。初春时节，笋尖破土而出，几乎家家户户都要烹制这一道菜，迎春尝新。

在清代中叶以降的江南农村和小城镇中，能把咸肉、鲜肉和春笋一锅笃的，也算是一道相对名贵的菜式了。

由于生活的相对窘迫，人们对好菜的要求往往也是较为简单的，菜好不好的一个关键要素是看它是不是“下饭”。这可以从和腌笃鲜同时代的肠汤线粉、烂糊肉丝、八宝辣酱等上海流行菜式中看出端倪来。

“下饭”是一个很具体也是很实惠的要求，如果没有后来上海的城市发展，这个简单的要求可能不会上档次，它可能只是家庭主妇们是否会过日子的手艺罢了。

但亲民恰恰给了后来的本帮菜顽强的生命力，它使得本帮菜的诸多技法追求始终与最普通的人民群众联系在一起。

这是本帮菜在味道的审美上的第一次集体认同，也是本帮菜技艺的第一次飞跃！

正是在这样的文化认同的背景下，腌笃鲜这道家常菜在20世纪30年代的上海餐馆中逐渐定型并走向成熟。

上海文化的市井气息赋予了“下饭”小菜新的含义。精明的上海人会集体向市场提出这样的要求：那就是不仅要下饭，还得要好吃，甚至于还要看上去“轧台型”。这种亲民的审美意识，在川菜中有较为集中的体现，但它不可能发端于扬州、苏州等文化厚重、经济发达的城市，因为那里的人们对吃的要求已经相对艺术化了，这种平民气息的追求多少会显得有点“草根”。

对于不求甚解的人来说，腌笃鲜看起来再简单不过了，把咸肉、鲜肉、春笋（有的还加百页结）放到砂锅里一锅乱笃就行了。但如果菜馆里也这样卖的话，生意可能就要跑光了。

你会说，这道菜有什么难的呢？菜谱上不都写得很简单吗？

■ 腌笃鲜用的笋子以绿竹笋为佳

话是这么说，但菜谱写下来的，往往是极其简略的，这里面的许多细节名堂是不写的，而人们往往会在这些不太起眼的细节上犯错误。

比如，腌笃鲜中的笋是哪种笋呢？

长得矮而胖的毛竹笋是卖得最便宜的，但那些卖笋子的人可不是傻瓜。如果你愿意听一句大实话，那你最好去买细而长的绿竹笋。依笋衣的颜色来分，紫红的好于乌黑的，乌黑的好于鹅黄的，但绿竹笋的价钱往往介于五花肉和排骨之间，这个价钱是毛竹笋的三四倍。

笋子要是选错了，你就别提那个“鲜”字了，徒有其形、毫无神韵。

腌笃鲜的味道好就好在它符合了菜理中的“陈鲜互映”。

所谓“陈鲜互映”和“上阵父子兵”是一个道理。经过陈制的食材是经验丰富的父辈，而鲜品食材是阳光帅气的后生，这两种味性既互相关联又彼此有别，而把它们合在一起时，味感会分外饱满了。

顺便说一句，南京著名小吃“鸭血粉丝汤”中的汤底是用烤鸭架和老公鸭一起炖出来的，此外，淮扬菜中的“清汤牛腩”要用烤过的牛骨加牛腩、安徽菜中的“金银蹄”要用火腿和鲜肘子，也都是这个原理。

除了这些原理以外，菜谱上没写明白的还会有什么呢？

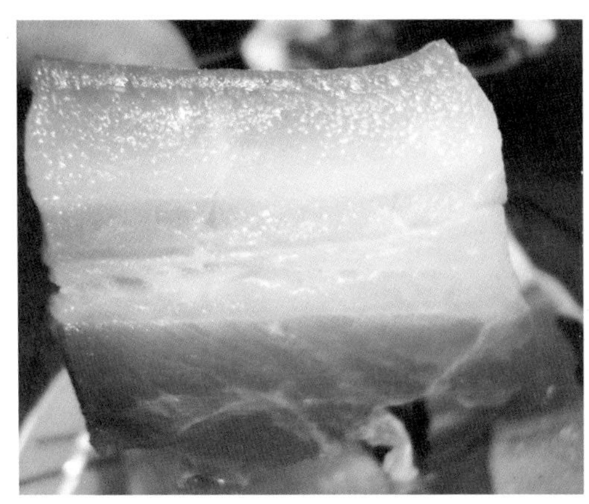

■ 咸肉要先蒸一下或煮一下

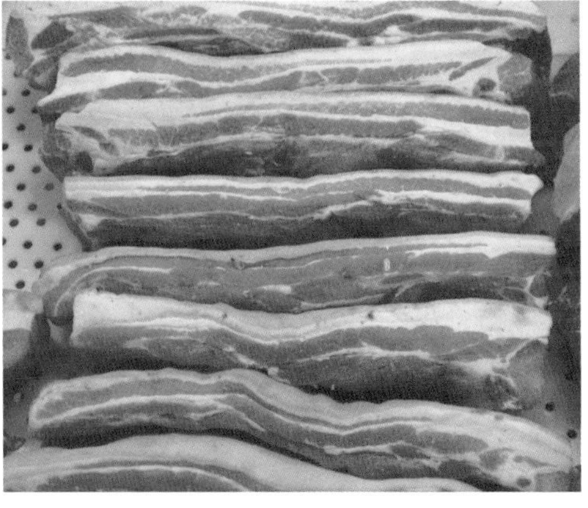

■ 上好的“硬五花”，一般是第四到第九根肋骨之上的肉

先来看“腌”。

咸肉一定要挑干爽清香的，这是冬至时分天气最干燥时腌渍上架的标志，如果过了冬至时分才上架，腌制时的天气已转暖潮湿，这时候腌出来的咸肉往往会邋里邋遢、粘不拉叽的，这种咸肉闻起来毫无风腊香味。

好的咸肉须先刮毛、去污、洗净，用刀斩断大骨，皮朝上放入锅中，加水淹没，先用旺火烧开，再用小火烧30分钟。然后将咸肉翻过来，继续用小火煮到肉皮发软时取出。乘热拆去全部骨头，去掉四边油膘和边皮，切成长方块待用。

这一段细节菜谱上一般是不讲的。

再来看“鲜”。

鲜肋条肉刮洗干净，放水淹没，加葱姜、绍酒，煮到八成熟，捞入大盆里，用煮肉的原汤将其淹没，直至冷却后，取出切成长方块（当然，也可以在原汤锅里冷却）。

这两步分解动作是什么意思呢？

如果不进行预处理，那么咸肉可是放很多盐腌过的，又干又硬的咸肉用清水是拔不尽其咸的，再说咸肉比鲜肉更费火，把咸肉与鲜肉一同下锅，两者在口感上的步调就不齐了。

鲜肉如果先切了块焯水，煮的时间长了往往会走型。而煮到八分熟的

■ 咸肉要酥、鲜肉要烂、笋子要嫩，图为上海老饭店的腌笃鲜

鲜肉如果不冷下来，一刀切下去瘦肉就会碎，冷透以后再切，则可有效地避免在这些小细节上犯错。

最后再来说“笃”。

上海菜里很多名堂是不能光看字面的，这是外地人常常感到费解的地方。比如“熏鱼”不是熏的、“烤麸”不是烤的、“炒圈子”不是炒的、所谓的“笃”，也并不是像人们通常理解的那样装在砂锅里用小火慢慢地“笃”出来的。

“笃”里的细节得细细说来。

将预处理好的咸肉、鲜肉、春笋（可加百叶结）放在铁锅中，加入一半鲜肉原汤和一半咸肉原汤（两者都要去沫），在大火上烧开，在汤汁沸腾的水花上淋上少许滚烫的熟猪油。

你没有看错，这一招叫做“顶花浇油”，当滚热的猪油遇上滚热的汤汁后，油珠会迅速地乳化，这样汤才白、才润。

接下来的火候要变小了，最好把它们统统装入砂锅，所谓的“笃”看上去是从这里开始的。

但这种“笃”不是字面上理解的小火慢炖，实际上它用的是中火。因为如果用小火的话，虽然最终它也能使肉质酥烂，但无论是汤汁的浓度、味道的厚度都会欠一口气，这个时候，火候没有一定的力度还是不行的，只是不需要太猛烈而已。

所以这个“笃”字往往是带有一定的欺骗性的，你得读懂它背后的含义。

从某种意义上来说，本帮菜中许多命名“不太规范”的地方是一种约定俗成，但这种约定俗成是有一定的规律的，那就是它们往往以人们第一眼的感官印象为主，换言之，菜肴命名法中最终说了算的，是普通老百姓，而不是职业的厨师。

这样的好处是，看上去太形象了；坏处是，害苦了依葫芦画瓢的粉丝们。

肉丝黄豆汤——“小姐身子丫鬟命”

从外观上来看，此菜应油封汤面，不冒一丝热气，黄豆应酥烂但完整，不可煮破。煮破了就是火太大了，或时间过长了。

从口感上来看，黄豆应入口即化，肉丝应酥松软绵，黄豆不烂是火候不到，肉丝过硬是没有上浆或入汤锅太早。

从味感上来看，此菜应味厚汤鲜，略带酱香（或糟香），青头（就是洒在上面的青蒜叶或韭黄）飘香。汤不厚不鲜是荤料少放了，酱香不足或出头太多是调味经验不到，青头的味道不爽是泡得太久了。

在本帮菜的发展史上，肉丝黄豆汤是一道必须记载下来的名菜，而且这道菜的味道与口感，实在是比它那土得掉渣的名字要美得多。
这道菜就是个典型的“小姐身子丫鬟命”，不过这道菜的命运倒的确是有审视价值的。

肉丝黄豆汤算是道什么菜?

《舌尖上的中国》（第一季）中有这样一段话：“在中国几千年的农耕史中，大豆一直占据着重要的地位。在已知的豆科食物中，它是蛋白质最丰富且最廉价的食物来源。可它早年的境遇一度尴尬，煮熟的大豆无法引起人们的食欲，并且会使肠胃大量胀气，人们迫切需要寻找到进食大豆的最佳方式，最终发明了豆腐。”

这段话看起来很像那么回事，但这段洗练的文字除了说明作者的中文功底不错以外，什么也不能说明。

也对！这种看上去土得掉渣的菜，如今恐怕的确已经不太容易找得着了。

其一是“煮熟的黄豆无法引起人们的食欲，并且会使肠胃大量胀气”，这句话恰恰说反了。且不说黄豆古已有之的各种烹饪方法如何诱人，单说“会使肠胃大量胀气”，中医认为：黄豆味甘性平，入脾、大肠经，具有宽中健脾，润燥消水的功效，可用于疳积泻痢、腹胀羸瘦等症。治腹胀的食材怎么会引起腹胀呢？作者显然是听信了“炒黄豆吃多了会放屁”这样的江湖传言了。

其二是，早在豆腐发明之前，人们就知道利用黄豆和小麦来制酱了，远在春秋时代，《礼记》里就记载了这种做法，至于豆腐的发明起码是汉朝的事了。而且豆腐的发明，也与“人们迫切需要寻找到进食大豆的最佳方式”完全无关，那纯粹就是一种偶然。

专业知识的相对苍白和文学化的过度解释，使得如今的美食界往往充满了“无厘头”般的神秘，唯独缺乏了一种严谨踏实的历史唯物主义和辩

■ 黄豆一定要泡到涨而不破皮的地步

证唯物主义的态度。

回过头来，我们说一说黄豆里的名堂。

与《舌尖上的中国》里的这一段描述恰恰相反的是，关于黄豆怎么做才好吃，中国人早就有了一整套的经验。

黄豆乃鲜美之物，在素菜馆里，黄豆与黄豆芽都是用来吊“素高汤”的主料（素高汤里还有竹笋根、香菇蒂、蚕豆瓣、海带梗等物），此外，广西南宁有“美味黄豆”，山东泰安有“黄豆焖牛肉”，江浙民间有“油氽黄豆”、“卤黄豆”、“五香烂黄豆”……

黄豆的特征之一是不易烂，但鲜为人知的是，只有黄豆煮到酥软了，它的鲜美才会得到彻底释放。

上海的肉丝黄豆汤正是秉承了这套江南厨师熟稔于心的黄豆秘诀，才会把这道菜做成一道家常美味。

“肉丝黄豆汤”的前身本是上海郊区民间的“肉炖豆”。

旧时农村都用柴草灶，这种农家大灶为了节约柴火，往往会在一口大锅的旁边，再配上一两只小汤罐，烧饭时的余火，会顺带着把汤罐里的水也

上海嘉定的黄豆名品“牛踏扁”自然是各户农家价廉物美的恩物。农民们将地里的黄豆泡软洗净后，加上一小块咸肉或鲜肉，一起投到汤罐里去，一般烧午饭前放下去，不用管它，到了晚饭烧好时，取出来，配上青蒜叶，就是一大碗汤浓豆酥的美味。

■ 老式的柴禾灶都会带有汤罐

烧热。肉炖豆便是这种汤罐里“顺便”煮出来的。

这本是一道普普通通的农家菜，但它能在本帮菜的历史中占有一席之地，显然要从它进城以后的演化史说起。

本帮菜的初步成形是在清同治到光绪年间，这一时期的本帮名馆主要有“老人和”、“一家春”、“荣顺馆”等，和这几家差不多同一历史年代的“老正兴”（当时还叫“正兴馆”呢）那会儿还是一个不折不扣的无锡菜馆，融入本帮菜是后来的事。

当初这几家本帮菜馆在上海老城厢里都经过了一段筚路蓝缕的艰辛历程。它们大多以“山头菜”（用各种简便熟菜装盆，放在柜台上出售）、“客饭”（一菜一汤一碗饭）为主，偶尔会做一些“和菜”（将冷菜、热炒菜、大菜和汤菜配成一套）。这种起步阶段的经营方式主要是为了应对上海急剧增加的外来人口的吃饭问题。

在这种经营格局下，这些小餐馆活下来的唯一方法就是将这些简单的家常菜做得好吃实惠，做出普通人家里绝对做不出来的味道和口感来。

这种特殊的竞争格局迫使本帮菜在成型初期就形成了一个独特的风格，那就是始终以平民百姓的饮食习惯为中心，不做官样文章和富贵文章，因为那样的菜式会被食客们视为“洋盘”。

为了价廉物美，他们常常会选择大肠、猪脚、黄豆、豆腐这样相对便宜的食材作为主料，然后各显神通地把这些食材中的“贱货”化腐朽为神奇地转化成美味。

而肉丝黄豆汤是当时的本帮菜馆中最为常见的。所以，能不能把肉丝黄豆汤做绝了，对本帮菜后来的发展有着极其重要的意义。

当然，进了城以后的肉丝黄豆汤不能再像农家菜那样质朴了，它得经

■ 黄豆汤原料

过精细的打磨，这种推敲过程，本身就是本帮菜开始走向成熟的一个标志。

遗憾的是，这道菜连同它同时期的红汤（一种放了酱油的豆腐汤）、血汤（猪血汤）、黄浆（也称“黄酱”，一种用腐衣、百叶包上馅油炸后再制成的浓汤）、炒鱼粉皮、咸肉百叶等一大批经济实惠的美味，后来都从本帮菜馆的菜谱上集体消失了。消失的原因不是因为它们不好吃，而是因为实在是太费工、也实在是太不赚钱了，上海人的口味开始变得精致了，这些惠而不贵的“下饭菜”已经渐渐地被各大本帮菜馆淘汰了。

但没有这批实惠的家常菜，就不会有本帮菜的一整套烹饪审美理念，更不可能有本帮菜后来的江湖地位。而研究本帮菜，必须要从它的根源上看出它的走向来。

这是我们今天要像考古学家一般拿出这道菜来晒一晒的原因。

上好的肉丝黄豆汤，油封汤面、黄豆酥烂完整，味厚汤鲜。

在讲究美味且实惠的时代，往往一碗肉丝黄豆汤就可以美美地就下一碗饭。

但这种实惠的美味却不是把肉丝和黄豆一起煮出来就可以的，尽管它看上去好像就是那个样子。

黄豆之美一般人难以察觉，它首先须要浸泡至涨大，然后用文火长时间炖制，才会软绵酥烂，如果火大了，黄豆会破皮，甚至会煮成一锅糊糊。

此外，黄豆虽然本身有一定的鲜度，但味性较为单薄，须用厚重之味来进行辅佐，这是各地以黄豆主料的名菜往往用五香、猪肉、牛肉来配菜的道理。

肉丝黄豆汤这道家常菜的复杂之处在于，它是需要很多步骤组合起来的。其中最重要的一步，上海人称为烧“酥黄豆”。

所谓“酥黄豆”，是将五斤左右的黄豆用冷水浸发涨开，此时黄豆中的杂质会浮于清水上，撇清洗净后，放入大锅中。

下二斤猪骨和少量的火腿脚爪、鸡爪、猪肉皮、肥膘，再加入黄豆量五倍的清水，先用大火烧开，撇去浮沫，再改用微火煨烧6小时左右，一直煨到豆酥汤浓时即成。

这里需要特别说明的是水一定要一次放足，而且水量一定要相当多（为黄豆的五倍），这样才能确保在长时间的文火慢笃时，不至于将水分烧干。

投料量太少、或者火候不到位都是很难达到“酥烂入味”这种效果的，这是家庭条件下难以做到的。

如此费料费时的“酥黄豆”仅仅是肉丝黄豆汤的半成品。但熬好了黄豆，下面的生意就好做了。

菜谱上往往是从这一步开始往下写的，这道菜再往下的步骤一点都不难了。但需要强调的是，这道汤菜的点睛之笔，在于一小勺酱油和一把青蒜叶（或韭黄）。

有了酱油，汤色才会红亮，才更有上海风情；而那一把青蒜叶（或韭黄）会像炒菜起锅时淋的麻油那样，使这一碗简单的家常汤菜有一种别样的老上海风情。

黄豆肉丝汤起锅时，还有另外一种做法，那就是加入一勺汤菜糟卤和青蒜叶（或韭黄叶），这种带有糟香味型的汤菜做法也是本帮菜常用的一种典型手法。

既简单家常，又不简单不家常，这种市井风味的思维方式，就是本帮菜旺盛生命力的根源。

烂糊肉丝的“风骨”

上好的烂糊肉丝应当与肉丝黄豆汤一样，不冒一丝热气，但入口极烫，这叫“一烫抵三鲜”。

从外观上来看，“烂糊”应类似于较稀薄的“羹”而不是浓而粘的“糊”，这样汤汁的质感才宜于泡饭。如果芡打得过浓就只能“拌”饭吃了，这是不太爽的。

从口感和味感上来看，这道菜的肉丝与黄芽菜丝都要入口即化，味感应该醇厚鲜美。

烂糊肉丝原本是早期本帮菜中与肉丝黄豆汤齐名的一道名菜。可能这道菜实在是太不赚钱了，如今的本帮菜馆里早就看不见这道名菜的影子了。

而随着这道菜一起消失的，不光是一套独特的本帮技法，更重要的，是附着在烂糊肉丝上的那种独特的美食审美理念也随之失传了。

光绪二年，也就是张焕英的荣顺馆开张后的第二年，宝山人金阿毛在老城厢小东门外大街（今方浜中路）开了家“一家春菜馆”。此时的金阿毛和离他不远的张焕英一样，最多只能算是个饭摊帮主，但既然敢从郊区闯进城来开饭馆，当然要有几手绝活。

而对于金阿毛这样的小饭摊来说，他们在乡下的那一套价廉物美的实惠菜，也正好找准了市场。于是猪油菜饭、百叶面筋、炒肉豆腐、五香排骨、炒鱼粉皮、肠汤线粉、红烧猪爪、八宝辣酱、四鲜黄酱、烂糊肉丝、黄豆肉丝汤等菜式风行一时。

是啊，对于闯荡上海的这些小人物们来说，还有什么比这些价廉物美的家常菜更受欢迎的呢？

那个时候的上海滩，显然还是以老城厢（现今人民路环线内的上海老县城）为中心，外滩和南京路的那一大堆西式建筑还没有建起来。那时发展得最快的是十六铺码头，钱庄、商行、洋行、客栈、海关、货栈、仓库等像雨后春笋般地冒了出来。当然，来上海谋生的人也多了起来。对这些流动性极大的小商贩、小职员、洋行跑街、黄包车夫、码头工人们来说，一日三餐就成了大问题，要知道那会儿是不可能有什么“单位食堂”、更不可能有什么“外送盒饭”的。

于是，粢饭、豆浆、大饼、油条、糕团、粽子、汤面、生煎馒头、鲜肉大包等小吃摊主们当然会笑呵呵地忙得不亦乐乎。

金阿毛的“小秘密”

金阿毛的绝活主要在“酱”上，一家春开张以后的一百多年来，这一家的八宝辣酱、四鲜黄酱、酱汁肉一直风行沪上（这些名堂下文再讲）。

但这些可以拌在饭里一起吃的“酱”菜，在当时，还是贵了那么一点

■ 民国32年“一家春股东”

点。市面上卖得最火的“下饭小菜”，还是更为实惠的肉丝黄豆汤和烂糊肉丝。

宝山位于上海东北，川沙位于上海东南，金阿毛的口音与张焕英应该还是有一点不同的，但一家春和荣顺馆的这两道乡下小菜的手筋却惊人地一致，尤其是烂糊肉丝。

上好的烂糊肉丝，汤面平滑如镜，不冒一丝热气，但一入口，白菜又烫又鲜、肉丝又软又烂，入口极其熨帖顺滑。大汤碗里拨下二两饭去，食客们往往会吃得摇头吐舌、连扒带喝、汗流浃背。什么叫入口即化、什么叫鲜香爽滑、什么叫饭菜合一、什么叫痛快淋漓，一碗烂糊肉丝里全都有了!

老城厢里的本帮菜馆，也是潮起潮落、一拨接一拨的，但除了一家春和荣顺馆，其他店子里始终做不出这种质感的烂糊肉丝来。

不是烂糊不够浓滑、就是烂糊稠成了浆糊；不是汤汁不够滚烫，就是汤面不能封热。

于是，一家春的食客里常常会有类似于厨艺间谍一类的人出没。但金

■ 迭个故事，其实我也是听阿拉爷讲的

■ 李伯荣的招牌式微笑

阿毛总是不慌不忙，应对自如，他的灶头谁都看得见，事实上他就算是想藏也藏不住，店堂实在是太小了。遇到有人问起烂糊肉丝里的名堂经时，他总是笑眯眯地说：“荣顺馆的做得更好，我只是跟那家学的，你去那家看。”

而荣顺馆的张焕英，显然也不是个省油的灯，她往往也会把这个磨再推到一家春来。这两家就这么心照不宣地守着烂糊肉丝的小小秘密，滋润且开心地做着各自的生意。因为他们都知道，这些乡下厨师们的小秘密，如果真的公开了，他们的生意就不会那么顺当了。

“迭个故事，其实我也是听阿拉爷讲的（上海话“我父亲”的意思，指当时德兴馆厨师长李林根），很有意思的”。

很多年后，八十岁的本帮菜大师李伯荣跟我说起这一段往事时，他脸上的那种表情很让我难忘。那是一种典型的上海式的微笑：平淡中的得意、谦逊式的骄傲，带着一丝精明的狡黠和些许的自负。

那么烂糊肉丝的名堂到底是什么呢？

首先，黄芽菜（也就是北方人所称的大白菜）要选那种菜叶嫩黄、菜茎脆白、包裹紧实的那种。一颗黄芽菜最好在两斤半左右。因为太大个的往往菜茎过老，而太小个的往往又菜味不浓。

黄芽菜当以每年秋天头霜过后时最美。因为黄芽菜原本是张开的，霜降时一受冷，叶子就自然卷紧起来。头霜后的大白菜包裹紧实、菜茎脆嫩、菜叶回甘，而随着天气逐步降温，虽然黄芽菜会抱得更紧，但其内部的糖分往往会发酵，这就是北方过冬时地窖里藏着的大白菜往往会发酸的道理。

选好的黄芽菜须剥去最外面的一两层，因为最外面的往往是一颗黄芽菜中生长时间最长的部位，菜茎里筋络会偏老，菜叶会发青，而且味道也不够浓郁。

虽然业内行话说“吃菜要吃白菜心”，但菜心部位却不符合烂糊肉丝这道菜的标准。一颗完整的黄芽菜要衔横着切两刀去掉根部和梢部，也就是全是菜茎的和全是菜叶的那部分都不要，只取连茎带叶、质地均匀的中间一段。

下一步是将黄芽菜切成细条（也有说成粗丝的，无所谓），但这里一定要注意，如果黄芽菜菜茎的质地是较嫩的，那么要顺纹切成细条。但一般大个的黄芽菜菜茎的质地往往较老，所以这一步一定要像切牛肉那样顶纹切，也就是垂直于菜茎纤维的方向来切。如果顺纹来切的话，筋络太长，咬起来就不方便了，横纹来切就人为地将菜茎的纤维改短了，吃起来更容易产生“烂”（而不是“糯”）的口感。

接下来的步骤，菜谱里是这样写的：

“炒锅置旺火上，放入肉清汤和肉丝，用铁勺将肉丝划散，加入绍酒烧开，撇去浮沫，放入黄芽菜条，再烧开，加入熟猪油八钱，改小火加盖焖至菜梗熟烂，再开大火，加精盐、味精，用湿淀粉勾芡，再淋入一小勺滚热的猪油，出锅装盆。”

看上去挺简单的吧。但如果你就这么做的话，再做八百回也做不出上海烂糊肉丝的质感来。为什么呢？因为，即使是最正宗的菜谱里，厨师往往也会藏着一些小小的秘密，这就是当年金阿毛的那一手绝活。

问题就出在那一句“用湿淀粉勾芡”上！

这句话显然是对的，但这句写对了的话显然又是藏着许多狡黠的机关暗套的。这句看上去普普通通的话，几乎包含了烂糊肉丝这道小菜最核心的技术机密。

■ 《上海老菜馆》书影

■ 烂糊肉丝是早期本帮菜的代表作

正宗的本帮师傅是这么“用湿淀粉勾芡”的：

将芡粉用水化开，加入差不多与淀粉等量的化猪油，用筷子将其快速搅打，直至油珠全部散碎与湿淀粉混为一体，开大火将汤汁烧至滚开，左手晃动铁锅，右手高举碗芡淋下，汤汁此时会迅速地收稠，在汤汁收紧之前，在水花中心淋下一勺烧得滚烫的熟猪油，然后用手勺推搅直至汤汁完全糊化。这样才会使烂糊肉丝看起来不冒一丝热气，但一入口却又烫又鲜。

本帮厨艺中的许多小手筋往往就是这样富有戏剧性。

这就是简单中的不简单，这就是平凡中的不平凡！

生煸草头的小手筋

上好的生煸草头外观上应该青翠逼人，且全部断生（生的部位是不会软塌下来的），底部略带酱色汤汁；常见错误是汤汁太多，这主要是火候不对的缘故。

生煸草头的口感和味感，应该是入口软糯绵滑，上品为口感“丝滑”（这与选料有关），味感是醇厚咸鲜中微带酱香、酒香和些许的甜头。

常见的错误一是糖太多（这就不是“吊鲜糖”了，糖亦可不放，但万不可放得“甜出头”）、二是酒香不适（要不是白酒质地不醇厚，要不就是放太多了）。总之，肉汤、白酒、白糖都是味道的“花边”，不可喧宾夺主。

所谓“生煸”，是本帮菜擅用的一种烹饪技法。在生烧草鱼豆腐、生炒甲鱼、生爆鳝片以及生煸草头这类的菜式中，“生”的意思就是往往就是“旺火速成”，就是“现点现做”。不理解这一点，就不能有效地掌握这一技法。

草头的“华丽变身”

听懂上海方言，往往是本帮菜入门的第一步。比如“地栗”就是荸荠、“酪酥”（也有写成“落苏”的，也没有写错，这都是古人的雅称）就是茄子、“草头”就是苜蓿。

说起草头来，往往不得不提一提它的前世。直到改革开放以前，这种杂生于田间的植物还与荠菜、马兰头、蒌蒿、马齿苋、鱼腥草、鸭儿芹、萝卜缨、番薯叶等一起被人们视为野菜。这些吃起来口感与味道多少有些“不同寻常”的野菜，大多被那个年代的人们用来喂猪。不过风水轮流转，从前不少喂猪的野菜，如今反而成了人们餐桌上的宝，比如本帮名菜“生煸草头”。

你可能会感到奇怪，生煸草头是多么好吃的一道时蔬啊，以前那时候的人为什么傻到要拿草头去喂猪呢？

这一点并不奇怪，在以前的人看来，草头有个最大的坏处，那就是“刮油”，如果炒来吃，非得放好多油不可，要不然口感太糙，难以下咽。这种野菜在什么都要凭票供应的年代（解放前更是连吃饱都很难），当然不是会过日子的人吃的。

不过话说回来，当年草头这个最大的“坏处”，如今居然摇身一变，成了最大的“好处”了，天天愁着如何瘦身的人们忽然发现：哇，原来草头还是个减肥食材啊！

炒草头，没花头？

生煸草头的原型就是炒草头。它在上海农村里的唯一使命是垫在红烧肉、红烧大肠（或圈子）这样油比较多的菜式的下面，那会儿的炒草头差不多就是一个彻头彻尾的配角。

相关链接

生煸草头的原型是“炒草头”，原先当然是上不得台盘的。当年同治老正兴研制出炒圈子（后来的红烧圈子）时，将草头简单煸炒过配在圈子下面。

随着红烧圈子越来越受当时市面的欢迎，各家本帮菜馆纷纷对草头圈子进行精细研究，其中将炒草头由配角变为主角当然也成了研究中的一部分。生煸草头这道菜的最终成型，正是本帮菜先贤们在竞争中不断研究创新的结果。

这其中有一个花絮：解放前德兴馆是当时沪上最著名的本帮菜馆，许多名人政要往往在此饮宴。席间往往少不了喝酒，而剩下的高档白酒往往会被店小二收集起来，这点酒拿来喝当然不过瘾，再说给谁不给谁也不好办，于是往往被收集到后厨中去。在不断的操作实践中，德兴馆的厨师发现，用酱香型的茅台酒来配草头，往往会有一种淡然的沧桑感，但其份量必须要控制到酒味在若有若无之间。后来定型为每份草头配一酒瓶盖的茅台。

至于红烧肉的卤汁，那是餐馆的小秘密（参见拙文“德兴馆的功劳簿”），如果一定要让厨师写下来，他们当然会将它写成似是而非的“酱油”了。其实，这些小手艺人的精明之处，往往才是本帮菜最富有神秘色彩的地方。

顺便再说一句：家里的煤气灶往往没有饭店里的火头大，这也很可能导致炒的时间过长，最终成了“草头汤”。解决的办法是换一个生铁炒锅，就是那种掂上去很沉重的铸铁质的老式铁锅（现在一般家用的都是轻而薄的熟铁锅），因为这种锅较厚，储热的效果就比较好，虽然火力不够大，但菜下锅后，锅壁上吸储的热量就足够炒好草头了。

从炒草头到生煸草头，草头完成了从配角到主角的命运变化。而这个变化过程，差不多与本帮菜逐渐走向成熟是同步的。

细说草头的“头”

生煸草头的第一步，就是选材。

草头最嫩的时节当数春天，其次是晚秋，天气不算太冷，也不算太热的时候。这是因为如果天气太寒冷，苜蓿基本上长不出嫩叶来就被冻坏了，

■ 择好的草头其实只用苜蓿上面的三片叶子，这就是它卖得贵的原因

而如果太热，苜蓿的长势太好，纤维质就会老化。而春秋之时，才是它最适宜的生长时期。

草头要看质地，当然是越嫩越好，足够嫩的草头是不用摘出上面三片叶子的，但如果掐上去已经觉得老了，那就得费工费料地去掐那三片嫩叶了。

上海人之所以把苜蓿俗称为“草头”，是有原因的。那就是苜蓿的最佳食用部位，就是最上面的三片小小的叶子。所以，民间往往也把入菜的苜蓿称为“三叶草”，也就是“草头”。

菜谱上的第一句话，其实指的就是这个意思。

但接下来的操作步骤，才算是真正的考验。

所谓“生煸”，是本帮菜擅用的一种烹饪技法。在生烧草鱼豆腐、生炒甲鱼、生爆鳝片以及生煸草头这类的菜式中，“生”的意思就是往往就是“旺火速成”，就是“现点现做”。不理解这一点，就不能有效地掌握这一技法。

草头为什么需要“生煸”呢？

要知道草头已经是苜蓿最嫩的部位了，嫩也就意味着食材的含水量较大，如果火候不到位，它往往会在加热的过程中吐出水分来。所以这道菜必须在草头吐出水来之前，将它全部均匀地炒熟，只有当它还来不及吐出水分时就已经致熟，它才会软下来。

不过，要做到这一点，菜谱上记录的步骤实在是太过简略了。

你得先干烧那口锅。把锅要烧得滚烫甚至底部见红，然后再放入一勺油荡匀锅底，再将热油倒出来。然后再舀一大勺猪油下去。这一步叫做“炝锅”。

生煸草头的炝锅可能要比其他菜式做得更为彻底一些，因为这道菜对火候的要求实在是太高了，如果炝锅不到位，接下来一定是“惨不忍睹”的。

需要强调的一点是，油一定要多一点，太少了草头炒出来就成“草”了。大致一份草头差不多要耗一两多猪油。

有人会问，必须要用猪油吗？猪油胆固醇好高唉。

面对这样的“有文化”的人，我真的不知如何回答。用西方的烹饪营养学来看，动物脂肪当然会有不少“过分”的地方，但问题在于，人的营养讲究的是平衡，如果你有高血脂、脂肪肝，当然不能食用过多的动物脂肪，但如果你是一个正常的健康人，那一点猪油会对你的健康形成多大的影响呢？这种因噎废食的“科学”态度，其实恰恰是只知其一，不知其二的片面之论。

“抢火菜”的“慢镜头”

接下来，该把菜倒下去了。

且慢，这一步必须要像放慢镜头一样，分解开来细细讲解才行。

你最好将草头盛在一个网状的洗菜篮子里，在草头上面预先洒好适量的盐，用左手拿着它，右手提着手勺（饭店里一般用手勺，家里一般用铲子，建议此处用手勺），手勺里放好了白酒和水。

然后左手将草头扣进锅里，同时右手将兑了水的白酒沿草头的边缘洒下去。此时左手迅速地扔掉洗菜篮，操起锅把颠翻，右手手勺则顺势下锅翻搅。

下锅后的酒和水，遇到滚烫的锅底，会局部迅速沸腾起来，而这种雾化的酒珠会迅速地猛烈燃烧起来，这就形成了“飞火”。

千万不要怕，更不要手忙

“炝锅”是炒菜的基本功，这也是鲁菜先贤们为中国烹饪工艺做出的杰出贡献（关于油脂的各种特殊烹饪技法大多发端于鲁菜，成熟于淮扬菜）。它的原理是预先使锅保持一定的高热，这样只要食材一接触锅底，就会迅速地受热成熟，这就使得食材里面的水分就被有效地锁住了。炒腰花、炒肉丝、炒鸡丁等莫不如此（当然，荤料还需要上浆）。

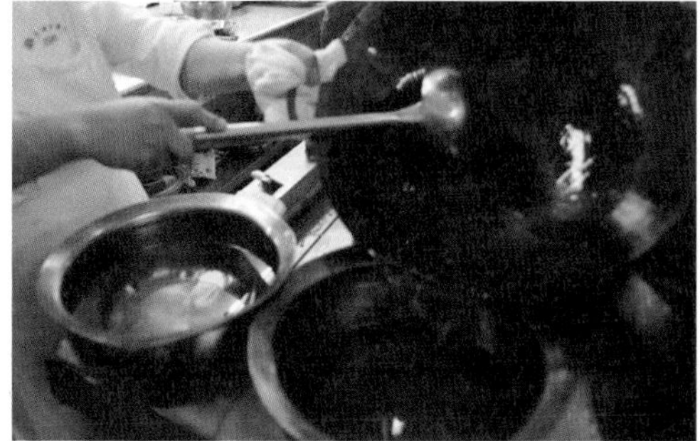
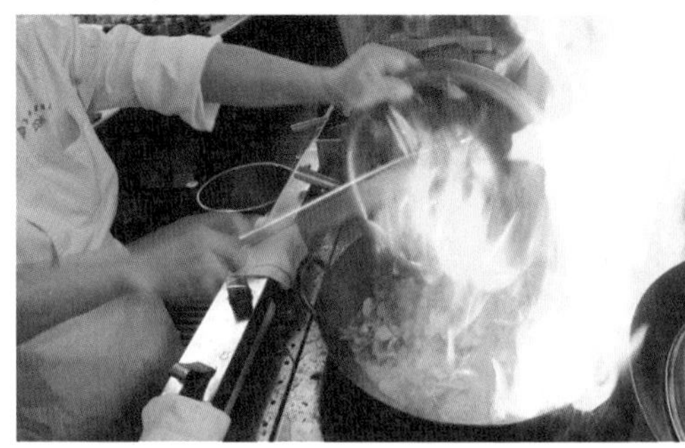

■ 生编草头是抢火菜，须忙而不乱

脚乱，要的就是这个效果，左手要正常晃锅，右手要正常翻料。

如果飞不出火来，那么这道菜很可能会失败，因为不管你手脚如何勤快，草头接触到锅底总是有个先后的，而且你也不可能翻得非常均匀，这样受热不匀的草头很可能有的已经炒烂了，有的还是生的，等菜全都熟了，往往就成了“草头汤”。只有锅内飞出火来，内外夹攻，草头才会在最短的时间内均匀致熟。这才是“生煸”的魅力所在。

至于白糖、味精、酱油这些佐料，也不是先后放进去的，它们一般都事先调好在一个碗里，等草头煸软了，倒下去就翻匀就行了。

最后的“点睛”

如果一道生煸草头做到了这一步，差不多已经“很像那么回事”了，但中规中矩的字往往并不算神品，生煸草头还有一些神来之笔。这一步似乎可有可无，但有了这一步，那就是锦上添花。

那么菜谱上不写的这一步最神秘的点睛之笔到底是什么呢?

这个所谓的“白酒”，最好用茅台，而这个所谓的“酱油”，最好是红烧肉的卤汁！这样的“生煸草头”才能做到“神完气足”。

五香烤麸的过往今生

上好的五香烤麸应色如黄栗，卤汁浓厚、外干里润、饱含卤汁。色偏浓是酱油太多，卤汁太稀是焖烧时间不够。

烤麸入口应糯中带脆、柔中带刚。没炸透的，有柔无刚；没烧透的，有刚无柔。

五香烤麸的味感应香浓醇厚，有典型的酱汁五香味感，且应“甜上口、咸收口”。

不放糖会发苦；糖放太多了会太腻；熬制时间太长，卤汁干了，糖也会变苦，这是最常见的败笔。

鉴定一个说普通话的人是不是上海人，只要问他两句话：
“烤麸是豆制品吗？”
上海人会说“是”，外地人则会说“不是”；
“烤麸是烤出来的吗？”
上海人会说“不是”，外地人则会说“是”。
这是个屡试不爽的检验标准。

“烤麸是豆制品吗”这句话是什么意思呢？

其实，烤麸是面筋发酵后蒸煮出来的，这里面并没有豆子什么事，甚至连一点豆渣都没有。只是在计划经济时代的上海，它曾经是要拿豆制品票来买的，那个年代，豆制品票和粮票、油票、布票乃至香烟票一样，家家户户都是有限额的。这种习俗延续至今，烤麸仍然在菜场的豆制品摊位上卖。所以，在上海人看来，烤麸“理所当然”的是豆制品。这一印象对于上海人来说已经根深蒂固了，乃至于现在还有人想要跟你掰一掰。

那么“烤麸是不是烤出来的”，这句话又是什么意思呢？

因为上海人眼里的烤麸，往往只有一种吃法，那就是油炸过以后再红烧，它当然不是烤出来的。而在外地人看来，烤麸烤麸，当然是要烤的嘛。

这当然是一段闲话，但闲话的背后却很少有人再往下问下去：上海人为什么会把烤麸归为豆制品？

这种名为烤麸的面筋制品当初是谁发明的呢？

面筋的这种类似于变形金刚的特性，当然会引起素菜馆厨师们的注意。所以它当仁不让地被纳入素菜馆“豆腐、面筋、笋子、蘑菇”这四大金刚之列。

据史料记载，面筋始创于南北朝时期。其制法是将面粉加入适量水、少许食盐，搅匀上劲，形成面团，稍后用清水反复搓洗，把面团中的活粉（淀粉质）和其他杂质全部洗掉，剩下的即是面筋（植物蛋白），这也就是人们常说的“生面筋”。

把生面筋放在汤水里煮熟，就成了“水面筋”；放到笼里蒸熟，就成了“熟面筋”，放到油里炸熟，就成了“油面筋”。

到了两宋年间，面筋深加工的各种做法，已经在江南一带广为流传了。

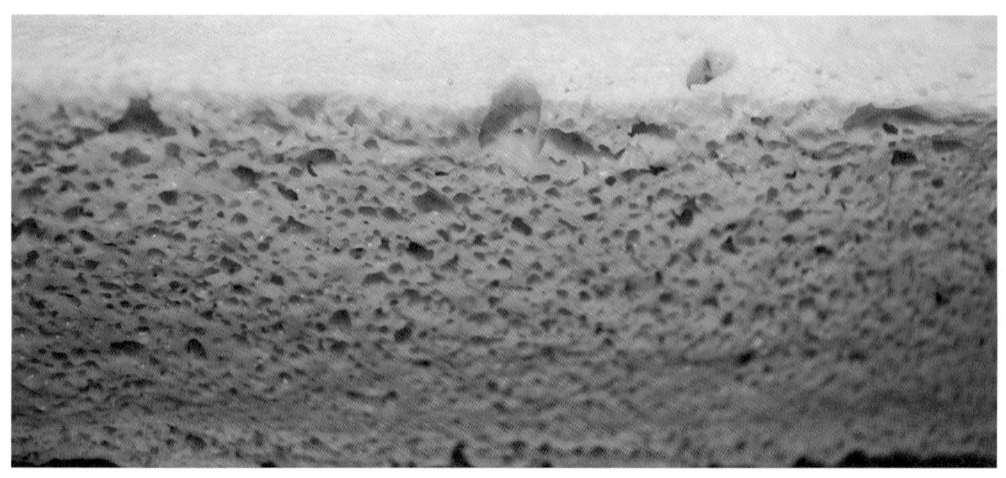

■ 烤麸常被上海人视为豆制品

1922年，上海功德林素菜馆开张，面筋当然是他们最重要的原料之一。随着上海人流和商流的膨胀，他们意识到传统的面筋做法很难在市场上取得突破。再加上素菜馆对各类豆制品的需求不断增长，功德林迫切需要拥有一个属于自己的、质量稳定的加工作坊。

1933年，功德林的“前店”终于催生出了一个“后坊”，他们可以按照自己的要求加工各式豆制品，当然，也包括面筋制品。

此前江南一带的面筋制品无非是“水面筋”、“熟面筋”、“油面筋”这几种，但红烧面筋所用的“熟面筋”有个问题，那就是内部质地不够膨松，这样经过油炸以后就吸不了太多的卤汁。怎么才能使面筋更好地涨发起来呢？功德林的师傅们当然会想起蒸包子的发面。

于是“发酵法”被引入了进来，经过充分发酵的生面筋，再经过蒸制，这样就变成了一种海绵状的新品种，它显然要比直接蒸制的“熟面筋”要更膨松。

我们很难说清楚最早的“烤麸”到底是由谁发明的。一个可考的史料是，当年赵云韶在创办功德林之初，重金请来了宁波天童寺素斋的当家主厨马阿二，而马阿二正是后来功德林豆制作坊的始作俑者。烤麸是他从天童寺里带来的品种还是他在上海研制出来的新品种，那就无从可考了。

不过，从此以后，人们都把“烤麸”这种半成品等同于“上海烤麸”了，而上海人也都约定俗成地把烤麸放在了豆制品作坊里生产。直至今天，烤

■ 面筋其实是小麦里的植物蛋白，不含面筋的那碗水烘干就成了生粉（上）

■ 将烤麸放在豆制品摊位上卖也许是对功德林的一种尊重（下）

麸这种半成品还是在豆制品摊位上卖的。以前上海人用豆制品券来买它，现在要到豆制品摊上去买它，不明就里的上海人当然会把它当做豆制品。这也算是后世上海人对功德林那个小作坊的一种纪念吧。

五香烤麸与四喜烤麸

功德林首推“五香烤麸”之后，这种新鲜食材在上海引起了人们浓厚的兴趣，这道菜在上海摊迅速普及了开来，并迅速地被纳入了本帮菜的体系，理由很简单，客户都需要它。

所谓“四喜”原来指的是“久旱逢甘霖，他乡遇故知，洞房花烛夜，金榜题名时”这四种人生喜事。但后来四喜几乎被用滥了，从四喜丸子到四喜汤圆，甭管有没有名堂，甚至是不是四样，大家都要皆大欢喜地沾上四喜的喜气。

■ 为了美观，饭店里都是这样切烤麸的

■ 烤麸宜撕不宜切，但这只是一种表演了

只不过，本帮菜里的这道菜往往叫做“四喜烤麸”。

大凡商业氛围较重的地方，人们对于菜肴命名的“口彩”要求往往也较高。而上海方言中 “烤麸”与“靠夫”音同，这在年夜饭上当然就寓意家里的男丁，来年取得更高的成就。而冠以四喜的名字，有一种说法，认为它源于最早的名字“四鲜烤麸”，上海话“鲜”和“喜”音同，而这个喜字又更能讨口彩，所以有了“四喜烤麸”之称。

“四喜”和“八宝”一样，这种命名法都是一种市俗文化的产物，其实四喜里到底该是哪几种，从来就分得不太清，木耳、金针、花生、笋子、香菇缺了哪样都可以，一起放进去也没错，四喜烤麸里只要主料是烤麸就行了，反正味道都是差不多的，从这个意义上来说，把它叫做“五香烤麸”可能会更准确一些。

不过，如今无厘头的是，点菜单上的“烤麸”往往会被写成“烤夫”。这就像“宫保鸡丁”常常被人误写成“宫爆鸡丁”一样，实在是让

■ 焯过水的烤麸最好要摁干再下油锅

■ 烤麸一定要先焯个水，才能去净异味

人费解了。

这种没文化的还只是表层现象，比这个更鲜为人知的还有很多。

五香烤麸的选料是第一道难关。

作为一种半成品，烤麸是生面筋经过发酵后再蒸出来的，所以它应该看上去像馒头那样有着许多均匀的孔洞的质地。因为水汽重，所以刚出来的鲜烤麸会有一定的含水量，但你在菜市场上看到的烤麸往往不是这样的。

买烤麸最好是一大早就去，因为鲜烤麸质地极像海绵，孔洞里的水分极易变质，尤其是大热天，所以小贩们常常会不时用清水将烤麸泡一下再挤干，算是给它洗了个澡。这样的确是不太容易变质了，但烤麸独有的那种质感也被破坏掉了。

此外，超市里出售的烤麸常常是干制的，风干或烤干的烤麸虽然摆放

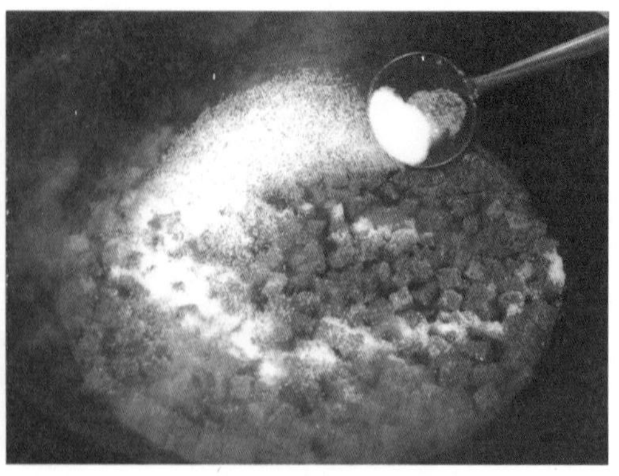

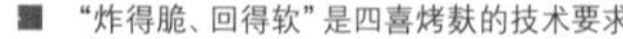

■ “炸得脆、回得软”是四喜烤麸的技术要求

■ 酱油和糖是本帮红烧的主要调味品，不过烤麸里要放一点八角

时间更长，但这些常常也是不太靠谱的，卖不掉的烤麸才会拿来脱水干制，新鲜出炉的干嘛要多加一道工序呢？这不是人为地增加成本吗？

新鲜的烤麸质地一定要像海绵，闻起来必须有清香、捏起来必须有弹性。那些发粘的、萎缩的、水叽叽的、干巴巴的千万别买。

这些烹饪原料鉴别一般是菜谱上不讲的。但不懂原料怎么行呢？

烤麸的刀功是第二道难关。

一般来说，饭店里的四喜烤麸都是刀切的，这样的好处是“卖相好”，但有经验的厨师一般会选择将烤麸顺纹撕成条，这样虽然不太好看，但吃口会更佳，因为烤麸会自动寻找哪里的纤维最受不住力，它会在那里断开，这样断面部位经油炸后更容易回软。

宜撕不宜切的还有包菜，宜捣不宜剁的还有蒜泥，宜拍不宜片的还有黄瓜，道理都是一样的，都是为了处理好断面的问题。

这是菜谱上一般不讲的菜理。

烤麸的预处理是第三道难关。

烤麸很难保鲜，原因就在于它里面的水分多少是含有些不雅之味的，所以不管是撕成长条或切成骨牌块的烤麸，最好要先焯个水。

这个不难，难就难在它一定要用在下油锅以前把水分尽可能挤出来，

■ 烤麸收汁一定要恰到好处

人们常见的手法是用双手合掌去挤压一下，但这样不仅效率太低，而且受体力的影响太大。

比较好的方法是用干净的毛巾包起烤麸条或烤麸块来，将其拧干，烤麸有一定的弹性，力道适中一般不会将其拧碎。

油炸烤麸是个考工夫的细节，“炸要炸得干，烧要回得软”，这样的烤麸吃起来口感才好。而含水较多的烤麸最好经过两次复炸。第一次下油锅，油温不必太高，五六成即可，油温太高了，含水较多的烤麸下去会使油星溅得到处都是，这一步只是初步收干烤麸的水分。油面不再有响声了，就表示水分基本排干了，捞起它来，要知道这会儿油的力道还不够呢。将油温升至八成，再将烤麸下去炸，这时烤麸就容易炸得干爽挺身了。

烤麸什么时候才算是炸好了呢，厨师一般会捞出一块来，放到另一口铁锅中晃一晃，如果这块烤麸在锅里像骨头一样当啷啷地响，那就算炸脆了，下面该出锅沥油了。

这也是菜谱上一般不写的细节。

接下来的做法不算太难，照着菜谱做就行了。

八宝辣酱的“腔调”

上好的八宝辣酱外观上应色泽红亮、卤汁紧包、成菜底部最多只有一线（实际上是一个细圈）明油。色泽发暗、卤汁不紧都是火候的问题，而明油太多往往是收汁的工夫不好（怕炒干了，加了太多的油），或者炒过头了，芡汁吐出油来。

八宝辣酱的口感是八宝料入口软滑但有一定的嚼劲，过绵过烂是预处理过头了，过硬则是预处理不足。汁水要裹紧八宝料，但不失爽滑，卤汁太稀了是收汁时芡少或火功不到，太紧了是芡汁太多或火候过头了。

八宝辣酱的味感应该是酱香浓郁、鲜甜微辣，既鲜爽开胃又挂口持久。八宝料不入味是焖烧时间不足，味道不“挂口”是调味品没放准或焖烧时多次揭开锅盖补料了。

地道的本帮八宝辣酱，实际上是一种什锦炒菜。这是本帮菜肴中为数不多的“反客为主”的经典菜肴。
八宝辣酱虽是一道“小菜”，但大俗之中往往蕴藏了大雅。

第一次去本帮菜馆的人，往往会看着菜单上的“四鲜黄酱”、“八宝辣酱”发呆，他们往往会坚定地认为：酱不是调味品吗？怎么上海人把调味品也当作菜来卖啦？

这就说来话长了。

如今人们下馆子，虽然名为“吃饭”，但实际上大家往往是奔着品尝美味佳肴去的，至于到底席间是不是还要吃上一碗米饭，已经相当不重要了。但在本帮菜发展的早期阶段，如何才能更好地“下饭”，却是上海厨师首先需要考虑的问题。

在清末民初的中下层上海市民眼里，如果一道菜不能使人食欲大开地“下饭”，那么这道菜多少是有些“洋盘”的。而在烂糊肉丝、小葱肉皮、肉丝黄豆汤、炒肉百页（百页结烧肉）、炒鱼豆腐（红烧鱼块加老豆腐）等林林总总的各式最原始的本帮菜肴中，又以饭菜合一的、能把菜拌在饭里吃的“酱”菜更加受人欢迎。这就是如今的上海人往往会把这类美味且实惠的菜品称为“下饭小菜”的原因。

八宝辣酱就是其中的代表作。可以这么说，弄懂了八宝辣酱里的名堂，本帮菜的“浓油赤酱”你差不多也就懂了一半。

这里所谓的“酱菜”，可不是外地人眼里的腌萝卜头、臭豆腐乳这一类就着粥吃的酱菜，而是一种看上去像一堆糊糊似的、外观上类似于“酱”的菜。

之所以这样表述，是因为在这道雅俗共赏的菜肴里，虽然的确是有八种口感各异的主料，但“八宝”其实却非这道本帮菜肴的主角，真正的主角是那个所谓的“辣酱”。

■ 八宝名为主料，实为配角

这是一种咸、甜、辣、鲜兼而有之的一种复合味，这种极富上海特色的酱香揉合了“鲜爽开胃”与“挂口持久”这两重极为矛盾的味感。而当这种轻与重、柔与刚、淡雅与浓烈、活泼与老沉的味感同时冲击你的味蕾时，你才会明白什么叫做味道的穿透力！

这种风味最早显然没有今天这样优雅，起初它的名字就叫“辣酱”。至于它最早起源于宝山还是三林塘、川沙？如今已无踪可考，但可以肯定的是，它一定是源于这些上海乡下厨师之手，因为在光绪年间时，几乎所有的本帮菜馆都有这样一道菜，不同的是进了城以后，这道菜的主料才有了“八宝”之说，而各家小老板的手筋有些大同小异的差别罢了。

把八宝辣酱这道下饭小菜做出点名气来的，当数一家春的金阿毛。这不是说早他两年开业的荣顺馆和更早开业的人和馆做的八宝辣酱就一定不如他，也许荣顺馆的咸肉百页和人和馆的红烧黄鱼这些看家菜的名气盖过了他们的八宝辣酱。而一家春主打的就是各式"下饭小菜"，八宝辣酱只是金阿毛的一个招牌菜而已。

八宝辣酱可不是把调味品按比例配好了下锅那么简单的。这是一道工夫菜，尤其对火功和调味的要求都比较高。没一点悟性的人，很难一下子就把这道菜做出神韵来。

如何处理那个神秘的辣酱。虽然从前人的描述中，我们无从知晓当年那位一家春的金阿毛是如何围着锅台鼓捣他的小秘密的，但好在一百多年后，本帮菜的技艺已经经过了若干代厨师的反复推敲，在上海老饭店（前身是荣顺馆）的任德峰大师眼里，这些技艺早已烂熟于心了。

任德峰说：八宝辣酱难就难在它必须同时注重火功和调味，调味品的比例放不准，接下去全是白搭。但是，比调料配比更重要的是如何处理火候，火候处理不到位，八宝辣酱的味道就不会有那种独特的神韵。

八宝辣酱的主料没有定数，一般来说，有肫片、鸡丁、肉丁、肚丁、虾米（开洋）、笋丁、花生、豆腐干等八样（也可以加其他的丁粒状的原料）。这里脆的是肫片、笋丁、花生，软的是虾米、肚丁、豆腐干，嫩的是鸡丁、肉丁。一勺入口，各种不同的口感相映成趣，牙齿和舌头忙个不亦乐乎。

在本帮菜师傅眼里，炒和烧这两个概念是不太分得清的。这是因为本帮菜里看上去像炒出来的菜，其中往往离不开一步烧。炒鳝糊、炒蟹黄、炒秃肺、炒辣酱，其实都有一个烧的过程，这是因为炒的火候往往过于刚猛，不易入味，而烧的火候又不足以收紧汤汁，所以必须炒烧结合，文武互彰，这样才会有一种绵里藏针的江南韵味。

锅里的底油烧到五成热的时候下辣酱（这种辣酱上海人称为"辣糊酱"，也就是用当地的鲜辣酱腌制出来的一种低辣度的土酱），油温太高了辣酱会焦苦，油温太低了红油出不来。如今新入行的师傅往往全都用四川豆瓣酱来炒，殊不知四川豆瓣酱是一种陈年发酵的辣酱，味性太沉闷，出不来那种辣糊酱那种味道上的鲜活感和跳跃感，这就先输了半招了。

红油出来后，下八宝料，颠翻炒匀，直至炒透。什么叫炒透呢，那就是肫片和肚丁挺身卷边了，到这一步时下绍酒、酱油、白糖、少许四川豆瓣

■ 调味须一步到位、汤水须不多不少、火头须柔中略刚

酱、和少许肉清汤，这样锅里看上去就像个半汤菜了。这时要加上盖子，大火烧开后，移到小火上去笃。

这一步是关键中的关键，调味须一步到位、汤水须不多不少、火头须柔中略刚。厨师这会儿不能开盖子，只能凭感觉去体悟酱汁能否在有效的火力条件下进行味道的复合。

这个过程并不长，三五分钟而已，等到你判断酱汁里的甜、咸、辣、鲜差一点点就要复合成为一个统一的味道时，就到位了。如果过了这个节点，味道就完全复合了，那就板结了，行家就会说：味道死掉了；而差了一口气呢，这些调味品还没有团结成一家人呢。

这一口气的感觉就是要保证味道既有“统”又有“分”，既“同”又有“和”，这种味道上的矛盾的统一才是本帮辣酱的神髓。这三五分钟，就足以体现厨师在味道上的悟性了。

接下来，大火收汁，边晃

如同四喜烤麸一样，所谓八宝，并无定数，也有加入腰丁、青豆、香菇的，也不算错。这道菜过去是用来下饭的，但现在人们往往当作一道单独的菜肴来品味了，所以如今咸味也应略减，不少店家将吸味的豆腐干改成了不宜吸味的小元宵，这些都是值得肯定的改良，不必拘泥于成法。

■ 八宝辣酱一定要把芡汁收紧才有“酱”的感觉

■ 八宝辣酱，实际上是一种什锦炒菜

锅边用湿淀粉淋下去勾芡，这是厨师的基本功，一般不会错。卤汁包紧八宝料后，淋明油出锅，装盘后要做到“亮汁芡、一线油”，再加上清炒虾仁的“帽子”，这些扫尾的手势要干净漂亮，这道八宝辣酱才算神完气足。用上海话说，这样的活儿才叫“腔调”。

所谓“挂口”是一种评鉴术语，指菜肴入口并咽下以后，口腔里有明显的留香感。“挂口”持久就是你即使喝一口茶水或咽一口唾液，这种味感仍然明显地保留在口腔里。这是厨师追求的一种味觉境界。

八宝辣酱这道菜虽然是一道“小菜”，但大俗之中往往蕴藏了大雅，在这雅俗之间，考的就是厨师的悟性。一个优秀的厨师必须同时具有“静如处子”和“动若脱兔”这两种互相矛盾的性格特征，该快则快，该慢则慢，只有在不同的火候节点，各依食材的天性顺势而为，才能臻入化境。

这才是地道的本帮菜易学难精之处。

红烧鮰鱼的“嗲”

上好的红烧鮰鱼外观质感应该是色泽红亮、卤汁浓厚细腻、如胶似漆，如同在鱼块上“镀”了一层光亮的油腊一样。盘中无多余芡汁，或至少芡汁足够胶稠不能流动。

上好的红烧鮰鱼的口感应该是软糯胶滑、入口即化。其中鱼皮的质感要有丰满的胶质感，而鱼肉的质感，应该是入口后能在舌头的抿舔中云雾一般地“化开”。

红烧鮰鱼的味道应该是酱香馥郁、鲜美醇厚，“甜上口、咸收口”，有非常明显的“挂口”感。

自打红烧鮰鱼成为一道本帮名菜以后，各家名为“老弄堂”、“屋里厢”等名头看似很“老上海”的菜馆子里都有这道菜了。但事实上，做出这道菜本身并不难，难就难在它能做到什么样的境界。

按常见做菜思维的理解，红烧鮰鱼无非是将鱼（或鱼块）在油里煎一下，然后放点葱、姜、酒、醋、酱油和糖，加上适量的水，焖烧入味后，再勾个芡，讲究点的再撒点葱花，这就可以出锅了（撒葱花有时候也被某些本帮大师视为“蛇足”，但似以不作定论为佳）。

如果按这样的做法去做红烧鮰鱼，那么就算你操练一百年，也不可能把这道菜做成中华名菜。

这就像唱歌一样，照着曲调哼出个声来，人家也知道那是什么曲子，但要想把歌唱到帕瓦罗蒂那样的份上，恐怕就不是一般人所能企及的了。

因为本帮菜虽然看上去都挺“家常”的，但不知深浅的人，往往不知道这些“家常菜”的每一个工艺步骤，都隐含着许多名堂经。这可不像某些文学作品里描述的“左手酱油瓶、右手糖罐子”就可以做出来的。

红烧鮰鱼之所以能成为本帮菜中的“头道工夫菜”，是因为它最早把“红烧”这一传统烹饪技法的境界定位在“自来芡”上。这一划时代的烹饪审美理念，是本帮菜为中华美食文化所做出的最伟大的贡献之一。

“自来芡”是什么意思呢？那就是成菜毋须勾芡，完全靠这道菜的主料、辅料和佐料在适当的火候条件下，近乎“天然”地合成一种浓厚细腻、如胶似漆的粘稠卤汁。上海人称这种质感为“像镀了一层克腊”。

形成“自来芡”需要具备这样三个条件：

其一，食材本身富含脂肪；其二，调味品（主要是酱油、糖和水）必须一次放准；其三，火候把控必须恰到好处。

■ 长吻乌鮰是鮰鱼上品

这三者既相辅相成，又缺一不可。

因为实际操作中，这三者是随时变化的。食材本身的质地是紧实还是松软、酱油和糖和脂肪的融合在多大程度上刚好柔腻为一、火候控制如何把握文武变化，这些都不可能用所谓的“标准化”来定量规范。

这就必须靠“工夫”（厨房经验）来说话。不磨上个足够的“工夫”，你是不可能把“自来芡”做到位的。

所以，你得先从买菜那儿学起，什么时候你自己会给鮰鱼“选美”了，你才有资格上灶去烧。

鮰鱼因其吻部较一般淡水鱼长，故而学名称“长吻鮠”。这是中国特有的名贵淡水鱼之一，它与鲥鱼、河豚、刀鱼并称为“长江四鲜”。鮰鱼有多款地方名产，比如四川“川江江团”、贵州“赤水习鱼”、湖北“宜昌峡口肥鱼”、湖北“石首鮰鱼”、安徽“淮河回王鱼”、江苏“南通狼山白鮰”、上海“宝山鮰鱼”等。

鮰鱼一般以春季所产为最佳，称“春鮰”，但秋季所产亦肥腴，有“菊花鮰”之说。夏冬季节一般在深水区生活，阴历四、五月份沿长江洄游中揽食。而往往水流湍急处，鮰鱼才会体健肉紧。这就是四川江团、湖北石首之所以被视为上等鮰鱼的原因。长江下游一带，也只有南通狼山与宝山吴淞一带的白中透粉的“白吉鮰”才算好货。

同是鮰鱼，宜于清蒸的，须采用2斤左右的鮰鱼，太小者味薄、太大者质老，而且宜用春鮰；但如果是红烧，须肉质紧实，体态肥腴，一般要用3斤以上的"菊花秋鮰"切块红烧。

从成菜的角度来看，"艮性"的鮰鱼由于可以长时间烧制，味道更为浓郁；而"糯性"的鮰鱼虽然从入味的角度略逊一筹，但其肉质口感却更为绵糯。

因为食性、水质、水温和流速不同，鮰鱼的质地又分为"糯性"和"艮性"两大类。所谓"艮性"者，是指鮰鱼本身的质地较为紧实，这样才经得起文武火的双重考验，比如湖北石首鮰和赤水习鱼；而所谓"糯性"者，是指鮰鱼本身的质地较为软绵，经不得武火的"摧残"，只能用文火慢烧，比如南通狼山白鮰。

所以买鮰鱼是需要点学问的，不跟着老师傅去，你都买不来一条合格的鱼，接下去怎么烧呢？

接下去是"开生"（宰杀）了。

鮰鱼的"开生"，不像一般的鲫鱼、鳊鱼那样简单地直接剖开鱼腹宰杀，得先将鮰鱼拍晕，这和黑鱼的杀法一样，厨房里称为"活打"。否则，又滑又粘的鮰鱼你连抓都抓不牢，下刀必不稳，不仅易伤手，而且刀口也不整齐。"活打"过的鱼仍是活的，这也保证了血液的流动性，接下来杀鱼，血才可以快速地流干净。

摘内脏、去鱼腮、洗刀口，吸血水，这些步骤一定要干净利落地在五分钟之内做完，动作太过拖拉的，往往不是水把鱼块泡绵了，就是筋和肉

■ 红烧鮰鱼对火功要求极高

■ 底油、一笃、一焖

■ 暗油、二笃、二焖

分了家，肉质就不紧实了。

当然，如果是一条质地不怎么样的"糯性"的鮰鱼，厨师也得有补救的方法，那就是把鱼块进冰箱冻一下，帮助它的肉质稍微紧实一点，这就像书法中的"拗就"一样。（后续的火功也得变化的，肉质不好毕竟是要小心一点，这就不详述了）。

复合红烧 三笃两焖

红烧鮰鱼的所谓"红烧"，其实是一种复合烧法。一般来说质地良好的鮰鱼，需要三次加油、三次换火。

这是烹饪技法中的一绝，很多关于红烧鮰鱼的菜谱说到这里时往往蜻蜓点水，这就使得那些依葫芦画瓢的后生们怎么也学不到这一技法的精髓（这里有老师傅不愿说清技术机密的原因，也有可能他们自己也说不清）。

葱姜爆锅后，先用大火重油煎烹鱼块。这是为了进一步收紧表面水分，同时高温油脂会使鱼体内的脂肪产生乳化作用，这是底子，这一步底子要打得坚决一点，要知道，这会儿鱼块是生的，火力大一点烧不坏它。然后该下佐料了，按顺序，该放黄酒（小盖子焖一下，把酒气逼进鱼体里面去）、酱油（热的鱼块才能上色）、糖。这一步要确保最后的味感是"甜上口、咸收口"，又要确保最后收汁时有足够的糖份，这样才可以形成"自来芡"。趁着黄酒、酱油还没收干，赶紧盖上锅盖，焖五分钟。

■ 明油、三焖

这是第一步：底油、一笃、一焖。

眼看鱼块上色紧缩了，这时候要加入高汤，这些高汤最终将收进鱼块里去，味道就更鲜美了。这会儿要再补上一次油，改成小火。因为鱼块这会儿已经熟了，再用大火就会把鱼块冲烂了，再给它一点油是为了让这些油慢慢地与酱油和糖合为一体，形成粘稠的胶质状汁水。这会儿要是不补油，汤汁的底子就不会润泽。而文弱的小火自然会慢慢地做"劝和"工作的，油和糖会自然而然地柔腻为一。当然，既然是文火，这段时间就得长一点，得要半小时左右了。厨房有谚："千烧不如一焖"，这会儿万万不可揭开锅盖尝味，因为气一散，油、糖、水就分家了。

这是第二步：暗油、二笃、二焖。

等到锅内汁水开始稠起来了，这会儿揭开锅盖，再补最后一勺油进去，这一勺油称为"明油，这样才能产生浓郁的油香和光亮的色泽。要把最后这一勺油"镀"到鱼块上去，得开个中火催它一把，还得再盖上盖子稍微焖它一焖。

这是明油、三焖。

许多"工夫"不太到家的师傅，往往到了最后汁水还没有收紧。于是他们往往会先盛出鱼块来（再烧的话鱼块可要烧碎了），再把剩下的汁水用大火收浓稠再浇到鱼块上去。这样外行自然是看不出来的，但行家一看就知道了，这种汁水是淋上去的，而不是自然生成的、"镀"上去的。这种口感和味感就差一口气了。

人们现在常说："好吃是硬道理。"可"好吃"只是一种生理感受而已，现代食品工业也完全可以"制造"出很"好吃"的味道来，但那毕竟只是一种"产品"而不是"作品"。

我们这个民族对于美食的"美"是有着自己的定位的，那就是"虽由人作、宛自天开"。红烧鮰鱼如此，中华美食中的绝大多数经典也大多如此！

不得不说的红烧肉

上好的红烧肉外观质感应该是色泽酱红、卤汁浓厚，有明显的“自来芡”质感。肉块总体形状方正，边缘整齐。其中肉皮的颜色均匀且呈并半透明状（没有一层深一层浅的变化），肥肉不胀出，瘦肉不凹缩。

上好的红烧肉的口感应该是“肥而不腻”，其中肉皮比肥肉好吃、肥肉比瘦肉好吃。肉皮与肥肉呈软胶质状、瘦肉酥松软糯。整块五花肉应以老年人入口能完全抿化为度。

红烧肉的味感也是“甜上口、咸收口”，此外还应酱香浓郁，肉味醇厚，可略带些许五香感，但不可突出。

本帮菜中最一言难尽的一道菜，就是红烧肉。
首先，它是许多人心目中的“本帮菜代言人”，不管这种观点是否在学术上站得住脚，反正人们印象中的“浓油赤酱”的代表作就是它了。但是，在各类关于上海美食文化的严肃学术专著中，红烧肉却往往并没有收录在内。

可雅可俗的红烧肉

本帮菜中最一言难尽的一道菜，就是红烧肉。

首先，它是许多人心目中的“本帮菜代言人”，不管这种观点是否在学术上站得住脚，反正人们印象中的“浓油赤酱”的代表作就是它了。但是，在各类关于上海美食文化的严肃学术专著中，红烧肉却往往并没有收录在内。

其次，红烧肉是一道既可大雅，亦可大俗的菜式。打个比方说：这就有点像拍照片一样。你既可以用手机、卡片机、傻瓜机信手“捏”一张；也可以用专业单反相机，琢磨上一大堆光圈、快门、感光度、白平衡、滤色镜、三角架、反光板、快门线什么的，然后再看天气等人气，最后“磨”出一张摄影作品来。这两种照片相同的都是同一景物，但两者的意境和味道却全然不同。

红烧肉的一言难尽可能同样如此：都是红烧肉，但怎么个红烧法，没有定论。也就是说，什么是“正宗本帮红烧肉”？这个标准还没有统一起来，再加上大多数人对于红烧肉里的技术名堂还真是不太弄得清楚，于是……接下去的话就真不那么好说了。

所以，要把红烧肉说清楚，就必须得啰啰嗦嗦地先说一说“专业术语”。这就像你如果要想拍出“大片”来，就必须要懂得各种照相技术的语言一样。只是，我们尽可能说得通俗一点。

最正宗的=最完美的?

红烧肉这道菜本是江南一带极为平常的一道菜式。在菜还是比较“上台面”的时代，红烧肉自然是各地厨师们研究的重点。

考察如今的上海郊区农家菜，“地道”的老上海人通常是这样做红烧肉的：将五花肉切块后，焯个水，然后葱姜爆锅，煸炒至收干肉块表面水分，然后放酱油、糖、黄酒、米醋和适量的清水（或肉汤）小火焖烧入味后，大火将汤汁收稠即可装盘。

“正宗”的本帮红烧肉看上去就这么“家常”，几乎人人都会做，甚至有文人将这种做菜方式诗意地描述成“左手酱油瓶、右手糖罐子”。

这种家常版的红烧肉当然也是有名堂的，那就是每一个步骤的分寸感如何把控。比如酱油和糖各放多少？加多少黄酒、米醋？火候如何控制？成菜的汁水能否收成“自来芡”的感觉？把这些细节研究好了，也可以做出很有“老上海”风格的红烧肉来，就像卡片机也能拍出好照片一样。

但这种做法通常会有这样几个问题：一是肉块变形了，只能散乱地堆放着，无法摆成3×3的九连方，或4×4的十六连方；二是瘦肉往往会老而发柴，不太适合老年人的牙口（当然，除非你是个中高手，能准确把握每一步火候，但就算这样，瘦肉也只会“酥”，而不会“糯”，这可不是本帮菜的追求境界）；三是肉皮往往没人吃，这是因为煸炒的时候，一不小心肉皮就会更加紧实，这就难以炖到入口即化的程度。

换句话说：这种“最正宗”、“最地道”的本帮红烧肉，恰恰不是“最完美”的。

那么什么才是“完美”的本帮红烧肉呢？参照上海饮食的审美习惯，本帮红烧肉应该烧出这样的质感来：

1. 肉皮比肥肉好吃、肥肉比瘦肉好吃（当然，瘦肉本身也应该已经相当地好吃了）。这种“糯”到“嗲”的境界才是上海人最爱的口感，这与通常的理解恰好相反（如果你不能理解这一点，那至少证明你没吃过上好的红烧肉）。

2. 不管成菜是否堆放成九连方，烧好后的肉块形状应该是有楞有角、相对工整的，这样成菜才能“轧台型”；

3. 酱色自然紫红而不是偏黑，收汁也要形成所谓的“自来芡”。

那么如何才能把一份普普通通的红烧肉做到上述审美境界呢？那就“八仙过海，各显神通”了，没有唯一的“标准”做法，但不变的是其菜理。

■ 红烧肉的取料必须是硬五花

细说那块五花肉

首先，红烧肉的选料要取“硬五花”，也就是肥肉与瘦肉较为紧实的那种。如果肥肉是软奄奄的，那烧出来以后肉块必然走型了。准确地说来，这一部位应该是（从前往后数）第四根到第九根肋骨上方的猪肉最佳。

整块的五花肉最好“燎”一下皮，也就是用明火直接烧五花肉的外表皮，直至燎到微黄，然后将肉皮泡在水里，再刮除表层。

因为动物的皮肤最外层的叫做“角质层”，再往下叫“真皮层”，“角质层”往往有毛孔、汗腺等，比较粗糙，如果不去掉这一层，那么烧好后“角质层”一定比“真皮层”颜色深得多，口感也不一样，外面的这一层要粗一点。燎烧以后，再刮去这个表面的“角质层”，就只剩下均匀的“真皮层”了。这样的肉皮烧出来以后，才有可能从内到外地格外撩人食欲。

这一步当然也可以不做。就像拍照片时，你既可以在镜头前加个偏振片以消除玻璃或水面的反光，也可以坚持“原汁原味”，偏偏就不去修饰它。

其次，为了肉块烧出来不走型，需要将整块的五花肉先焯个水，煮至断生（煮到几分熟各有说法不同，但总要断生后才能定型）。这还没有完，要将整块肉在原汤中慢慢冷却下来，冷至常温后，再放在方盘里，用大砧板压紧，直至肉块定型，然后才能解刀切块（这一步家常版的做不到，因为卖肉的人往往会预先把五花肉切成条状的“一刀肉”，只有饭店里才会买整块的肉）。

这一步也各有其说，有不压紧，直接放进冰箱里冷藏的，也有不进冰箱直接压紧的。但原理都一样，都是要让它先定好型。这就有点像乐器的做法一样，好的提琴也是需要先将木材在水里泡几年，再慢慢风干，直至木材定型了，才能切割成木板做琴。

当然更有甚者，还是坚持完全不必多此一举：大块的红烧肉必须要有一点粗放的感觉，这才“地道”。

■ 红烧肉里用的黄酒还是用陈年花雕好，袋装的料酒欠一口老到的味道

再次，肉块烧制前是否需要煸炒一下，这一步也是众说纷纭，有人坚持一定要煸炒一下的，也有人坚决反对的。但究其原理，这一步无非是为了使肉块挂上色，而煸炒的火候很难控制，如果过火了，肉皮就紧缩而瘦肉就柴了，如不煸炒，肉块不够热，这样酱油（或糖色）就较难挂到肉块上去。

比较中庸的做法是略为煸炒，将冷肉块的外表面烧热就可以了，所以油不能烧得滚热，锅也不必很烫。不管怎么说，这一步都如同下棋的步骤一样，须要仔细拿捏分寸，这是大家都同意的。

放准调料是关键

接下来就是放各种调味料了，这是要靠经验和工夫的，实在是一言难尽，菜谱上写的那些配方往往不靠谱的多，你想啊，哪有中国人做菜像德国人一样把各种主辅料都上秤称一下的？写下来的份量只是个参考罢了。重要的还是要靠你悟。但这里有几个原则是必须要说一下的。

从颜色上来看，酱油不如糖色亮泽，但糖色的熬制相对复杂，熬到什么时候算刚好，也很难定标准，以用酱油者居多，这一点不必过于纠结。

糖与酱油的比例至关重要，这是红烧肉的主味型，我们需要把握的一个原则是，成菜上口后必须做到“甜上口，咸收口”。但难就难在一开始放各种调味品时，汤水是比较多的，这时候的味道和最后收紧汁水后的味道完全是两码事，所以这得靠经验，你失败了几回，就一定能摸准它的规律了。

黄酒和米醋作为本帮风味的小佐料也是必不可少的。米醋是一开始就放进去的，这叫“闷头醋”，醋只是来帮忙去腥增香的，放多了就成了糖

相关链接

红烧肉这道简单的菜式，还有许多变化是难以写下来的。

因为上述步骤中的许多环节，往往都是可有可无的，某一步的缺失甚至可以用另一步来弥补。这就像书法家写字时，并不一定每一笔都非常合乎规范，但他一笔写得过头了，可以自然而然在接下来的笔法中“拗救”回来，这就是所谓的“险”。而看似简单的红烧肉，正是因为技术环节的变数太多，而难下定论，直到今天，各执一端的业内厨师们谈起这道菜来，往往还会争得面红耳赤。

比如，有完全不经过煸炒，直接放汤水佐料去炖烧的；有完全不上明火去烧炖，而是蒸出来的；也有先蒸后烧的。至于调味料，有人在上述调味料外，再加海鲜酱的，也有人用甜面酱代酱油的……这些做法往往各有千秋。这也是红烧肉一味难以说清的原因。

1979年，中国财政经济出版社邀请全国各地著名厨师和专业人员，按地区分册出版了一套《中国菜谱》，在今天这个菜谱满天飞的时代，这套书可能是最具有实践参考价值的严肃书籍。其中的“上海篇”一书收录了“炒肉”（也就是后来统称的“红烧肉”）；但1992年，该出版社在国家商业部、中国烹饪协会的共同主持下，组织全国各省级单位的饮食部门专业人士再次增订编修《中国名菜谱》时，“上海风味”一书更厚了，但“炒肉”却被删去了。

迄今为止，关于中华美食最为权威的著作当数上海文艺出版社1999年版的《中国食经》，这是一本荟萃了当代中国最权威的美食研究学者集体编撰的一本巨著，其中“食珍篇”的 “现代各地主要名菜”中收录了各地的中华名菜，此书中上海名菜共收录了26道，但本帮红烧肉也没有列入其中。

相比于政治、哲学这样的学科来说，美食之道虽是“小学”，但那个年代的专家却是相当严谨的，到了九十年代，他们为什么不约而同地把“红烧肉”这样一道极为特殊的本帮菜给删了呢？

这当然不是说红烧肉不够资格代表本帮菜，恰好相反，真正的原因可能恰恰在于做好这道菜可能有许多种途径，本帮红烧不管如何定下“标准”，都极有可能“挂一漏万”，所以不把红烧肉编入上海名菜谱，恰恰可能是对上海多彩的烹饪文化的一种无可奈何的尊重。

当然，这只是笔者的一管之见，还请各位方家指正。

醋味，只要醋味不出头就可以了。

但放酒就复杂了。有人完全放水去烧的，也有人完全放黄酒去烧的，还有人放啤酒去烧的，这样烧出来以后的红烧肉，风味是完全不一样的。

相对来说，不用酒全用水则成菜的风味太薄，不可取；全用黄酒则味道太沉重，就像一个乐团全是低音一样；而全用啤酒则味道太飘，而且有点怪异，不够“老上海”的那种“老道”。从操作实践来看，以2份黄酒、1份啤酒的比例为佳，当然，这也不是什么“标准”，只是笔者对比之下的“感觉”而已，不可作数的。

这一步操作上可以达成一致的一个观点是：放完所有的调味料以后，汤汁大致与肉块平齐或略低即可，太多了最后难以收稠收紧，太少了肉块不易入味。

有人喜欢在这里面放一点八角和桂皮，起初这是宝山帮的一个小特色，但这种若有若无的香料味有人喜欢，也有人不喜欢，所以也难以定一个标准。这里也只是提一下，无可无不可，由着心性走就是了。

文火菜就得“熬性子”

大火烧开以后，就得转成小火焖烧了。“千烧不如一焖”，万不可像看初生婴儿一般地老是急着揭开盖子翻动或尝味。这时的火候最好是一圈豆子大的火苗，如今家里的煤气灶可不行，你即使把火开到最小，中间的那一个蜡烛头一样的火仍然太大，而且加热不匀。所以最好用老式的蜂窝煤炉，如果没有，哪怕用电磁灶，关键在于文火一定要“文”且“匀”，两者缺一不可。

接下来就“等”吧，这是最难的了！

你会说，什么都不做，干等着，这有什么难的呢？

话虽是这么说，但做过菜的人都知道，有几个上灶的人这个当口守得住心性呢？即使是馆子里的厨师，如果不被大师傅骂过几次，也往往忍不住要偷偷地揭开锅盖“看上一看”。因为火候是很难定义的，火大了烧的时间短一些，火小了可以时间长一些，但到底怎么样，上灶的人往往心里没底。我还没见过几个在做文火菜时熬得住性子的人。

但你必须要耐心地等，因为此时肉块正在汤汁里慢慢地发生一种自然而然的缓慢变化，从化学的角度来说，它在合成一种新的味道，而从物理学的角度来看，它在改变一种质感。你万不能打断这个自然而然的过程，否则前面的一切工作都白费劲了，懂了吧。

你会说，万一要是佐料或者汤水没放准，不是连最后一次修改的机会都没有了吗？

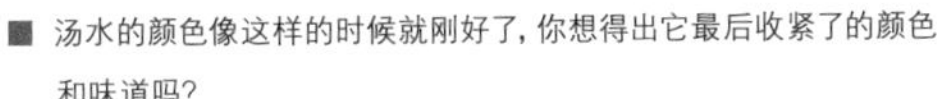

■ 汤水的颜色像这样的时候就刚好了，你想得出它最后收紧了的颜色和味道吗？

■ 老饭店里批量生产红烧肉的秘诀之一是用油汆一下肉块，但绝不煸炒

这话放在这里是错到底了。如果你没有放准调味品或者汤水，那么你应该在事后记住这一回的感觉，下次再加调整，这一次不管怎么说，还有一个“自然生成”的红烧作品出炉，但如果你一开始就底气不足地想“修正错误”，那么就犯了一个更大的错误，不仅这一次完全不合格，而且下一次还不知道从何改起。

红烧肉最后当然也是需要视情况收一下汁的。这与大多数要求形成“自来芡”的红烧菜式一样。但有经验的师傅，往往最后一揭开锅盖就刚好了，基本上不需要收汁，不过做到这一步，你差不多已经成为大师了。

这一步有没有经验之谈呢？当然也是有的，不过前提是你必须熟练把握了所有的红烧技法。在此基础上，如果你用木头锅盖（而不是铁制的或玻璃的锅盖的话），这样焖烧时，会自然地挥发掉一定的水分，会好很多。但千万不要只学这一步，如果前面的你还没领会，这一步的妙处你是完全没法体会的。

关于红烧肉的做法，至今仍然众说纷纭，莫衷一是。

但值得肯定的是，在如今这个一切追求简单化、批量化的效益至上的年代，反过来精益求精地考究这些细节的饭店和厨师，毕竟还是有的，这也是星级宾馆的厨师往往不太看得起“社会饭店”的原因之一。

扣三丝的那一“扣”

上好的扣三丝外观应刀工精细且排列整齐，色泽清淡雅致，造型美观清秀，汤汁清彻明亮，略呈牙黄色。

扣三丝的口感应该火腿丝酥软、鸡肉丝绵滑、笋丝柔嫩、猪肉丝不老不柴。火候或预处理工夫不到者，往往会产生不同的偏差。

扣三丝的清汤是视成本售价分成许多等级的，汤汁鲜美、带胶质感和明显的“挂口感”的顶汤最贵；其次是鲜美醇厚，无胶质感或挂口感的上汤，价格适中，市面上常见的扣三丝从成本及售价上考虑，一般只把汤做到这一步；如果是鲜美感都觉得不足或鲜得明显单薄的，恐怕……就不能算是“清汤”了。

厨房里的秘密有时候看起来很神秘，但这种神秘其实往往就是劳动所创造的那种美，而这种生产实践过程中的劳动的美，才是"美食"的那个"美"字所蕴含的真正意义。

中华美食各大菜系的著名菜式中，当以咸鲜味的菜式最考厨师手艺，这是因为咸鲜味即为本味，变化腾挪的空间较小，所以顶级厨艺比赛中，厨师往往会拿咸鲜味的菜式参赛；而咸鲜味的菜式中，又数汤菜为最难，这是因为汤菜要求平中出奇、淡中出味，所以更难。这是各大菜系中成名的汤菜往往不多的原因。

本帮头道汤菜

本帮菜也是这样，从厨艺工夫的角度来看，本帮"头道汤菜"不是味道上更容易出跳的"糟钵头"，而是看起来并不那么显山露水的"扣三丝"。

扣三丝起源于何时何处，目前尚无可考的"信史"（值得相信的"正史"，而不是传说一类的"野史"）。但可以肯定的一点是，这道菜是在上海人手中做到今天这样精细的，而且这个年代并不久远，这是一道定型于上世纪八十年代的本帮名菜。

扣三丝最早出现在本帮菜中，始于李林根进德兴馆以后，当时他带来的三林塘本帮名菜还有炒肉、走油蹄膀、糟扣肉以及川沙帮的原始版的糟钵头等。

扣三丝最早的做法是将鸡丝、肉丝、笋丝整齐地排在碗底，上笼蒸熟后，倒扣在大汤碗里，然后再浇上清汤。

这道菜到了德兴馆后，人们很快发现了其中的问题，那就是颜色不好看，三种原料都相对呈白色，没有对比。改良这一步很简单，加上火腿丝就行了，不过这样肉丝就得埋到里面去了，从外观上看到的只有火腿丝、鸡丝和笋丝，实际上这时以及后来的所谓"扣三丝"已经变成了"扣四丝"。

同样是为了成菜"轧台型"，扣三丝很快又从原来的火腿丝、鸡丝、笋

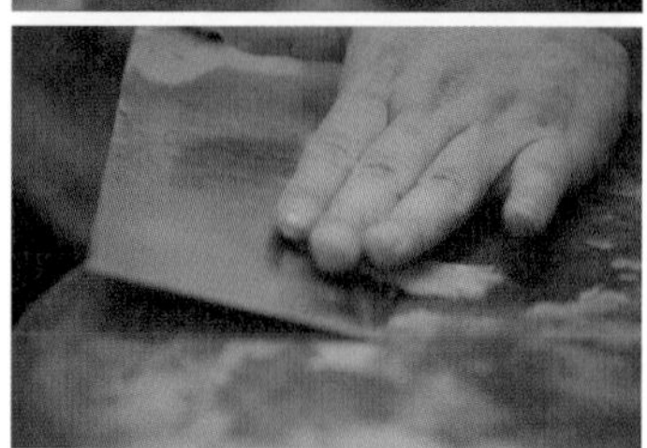

■ 扣三丝是一道看上去就很上海的精细小菜

■ 扣三丝首先刀功要好

■ 扣三丝里所有的丝都要切成“麻线丝”

■ 沾上点水，这些丝就听话了

丝分三缕，变成了分六缕，火腿丝占三缕，间杂着排一份鸡丝、两份笋丝。

清汤当然是需要文火吊出来的鲜美高汤，不过这个暂且不提。

早期的扣三丝定型于20世纪三四十年代德兴馆最辉煌的时期，不过那时德光馆的风头一般都被虾籽大乌参、糟钵头这样的菜式夺去了，很少有人关注“清汤寡水”的扣三丝到底还有哪些改进空间。

相关链接

■ 1983年德兴馆厨师李伯荣参加全国第一届烹饪比赛，不过当时的扣三丝没得奖

2006年，上海食文化研究会曾组织李伯荣、李兴福、黄才根、任德峰四位国家级烹饪大师共同推出“本帮大师宴”。

本帮大师宴研发期间，上海老饭店在原扣三丝的基础上，又进一步研制出了每人每份的“迷你扣三丝”，从工艺难度上来说，一切都小了一套，难度就大了一倍。这也到目前为止扣三丝的最为精致的版本了。

不过“迷你扣三丝”工艺太过复杂，一般客人预订了高档宴席时饭店才会定做。以“工巧取胜”这一点可能更像淮扬菜的审美理念，这与本帮菜“实用前提下的精致”有点不太一样了。

扣三丝出了个“小问题”

扣三丝的定型，是1987年李伯荣调到上海老饭店以后不久的事了。

那时候上海许多著名餐馆都在“文革”中被强迫地改造为“大众食堂”、“劳动饭店”这样的格局了。改革开放以后，对外开放的新形势，当然会增加外事接待任务的担子，这就迫使上海餐饮业的经营格局“再上新台阶”。于是李伯荣成了“救火队员”，他先于1983年被从德兴馆调到刚改造的绿波廊酒楼做经理（当然是具体抓厨房），绿波廊上了台阶之后，又被调入上海老饭店。

那时的上海老饭店当然还是有一大批好厨师在的，比如刘阿宝、黄志连、杨玉英等本帮名厨正是经验和体力最好的时候，但李伯荣毕竟在文化水平和见识层次上更胜一筹，他总是擅于发现问题。比如，“扣三丝还需要进一步改进”就是那时候提出来的。

■ 排好的扣三丝

那么，扣三丝的问题出在哪里呢?

首先，用碗来扣，成菜必然是一个馒头状的包，这样材料用得多，价格自然就上去了。但精明的上海食客反而不会叫好，因为按照江南的食俗，汤菜往往是宴席中最后上来的，吃不了多少饭局就会结束了，所以用这么多的料反而"洋盘"。

其次，扣三丝用碗扣出来虽然外形是比较整齐的，但是这种叫做"和尚头"的古典式装盘手法，太"乡屋气"了，城里人的菜式，当然需要"洋气"一些。

总而言之，扣三丝最好要在清汤盆里堆得细而且高，像不沾人间烟火气的出浴美人一样，这样才能符合上海食客"既要面子，又讲里子"的消费心态。

问题提出来了，可是解决它却很快遇到了新麻烦。

■ 扣三丝的秘密全在这个杯子里

第一个问题是：要想把扣三丝堆得更高，就必须先把这些丝均匀地摆放到一只细长的杯子里去。但你上手试试看，切得很细的丝可以码得很整齐，可是一拿起来就乱了套，这些“丝”们不会完全平行了。这样的“丝”一摆进杯子里“头势”就乱了，出来就成了“麻”。

第二个问题是：就算你把这些“丝”们整齐地放进杯子里去了，要想它不变型，就得用肉丝将杯子的中部塞紧，但这样怎么拿出来呢？它们可是会粘在杯壁上的啊，“扣三丝”总不能变成“抠三丝”吧。

这些厨房中的实际操作细节，恰恰是困扰当年的李伯荣以及老饭店厨师们的大问题，不解决这些实际问题，扣三丝的“拗造型”就成了一句空话。

好在上海人是精明而且精细的，这一独特的城市文化底蕴再次在这时转化成了厨房里的创造力。

李伯荣的“小发明”

李伯荣他们当时是这样解决问题的：

鸡丝、笋丝和火腿丝这些丝是码放在成菜的外层的。先把它们切成长短粗细都很均匀的“绣针丝”，然后用片刀在砧板上抄起一小片丝来，堆在另一边，在上面少许拍上点水，这样沾了水的“丝”们就“听话”多了，你可以轻松地揭起这一整片互相沾在一起的丝来，完全不用担心它们跑了形，然后你可以像贴烧饼一样把它们贴在杯壁上，等到把六份丝均匀排在杯壁上以后，中间再用肉丝填紧实，这就成了。

“入杯”的第一个问题就这样轻松地解决了。但“出杯”的第二个问题显然要难得多。

当杯子被塞满了以后，要想把它们轻松地倒出来几乎是不可能的，因为杯子口比碗的口要小，这样它的底部空气更少，它会“吸牢”这些丝。换句话说，要想让这些“丝”们顺利地“扣”出来，得让杯子的底部“漏点气”。

■ 1987年，李伯荣经过多次琢磨，发明出这个底部有个小洞的杯子

那就得预先在杯子的底部钻个孔！

钻了孔的杯子很快做出来了，这一下扣出来的确容易多了，但毕竟还是有一些丝会比较“留恋”杯壁，这些“不听话”的丝出杯时会排乱了，就像风吹乱了的头发丝一样。这当然还是不能过关的。

再想办法！

新对策很快又出炉了。他们是先试着用油来刷一下杯子的内壁，但上笼一蒸，这点油就不管用了，这一招不灵。

再想办法！……

这个具体的研发过程一定费了李伯荣不少脑筋，因为直到八十多岁的今天，他都记得那会儿他连做梦都想的是如何解决这一操作难题。但老一代的上海技术工人们大多都具备这样一种锲而不舍的钻研精神，这是

■ 2009年本帮大师宴期间进一步研制出来的每人每位的迷你扣三丝

他们在单位里的“价值”，那个年代的一句经典诗句是：“世上无难事，只要肯登攀！”

最终，他们是这样做的：先在开了个小洞的杯子底部垫上一块香菇（这是用碗扣的时候就有的），然后将“三丝”整齐地排到杯壁上去，用肉丝塞紧。上笼蒸好后，将杯子口朝下反过来扣放在汤盆中间，然后用一根筷子从杯子底部的那个小洞里伸进去，挤压一下那块垫在杯子底的香菇，这样杯底就进去一点空气了，但这时候还不能保证“三丝”们是否“留恋”杯壁，这时需要将清汤从杯子底部的那个小孔中倒下去，因为杯中的丝是塞紧了的，所以清汤只能沿着杯壁往下渗，倒完了所有的清汤以后，一手用筷子顶住香菇，另一只手轻轻地提起那只杯子来。因为有了那个小洞，这样“有了出路”的那只筷子就会一直顶着香菇，最终轻松地拿开那只杯子后，扣三丝就会美人出浴一般地婷婷玉立在汤盆中了。

红烧圈子的“题外话”

上好的红烧圈子应该圈子外形挺直、色泽红亮，卤汁胶稠且紧包圈子，有明显的“自来芡”光亮质感。圈子立不牢是因为过火或预处理完后没进冰箱冷藏，卤汁太稀薄或太干枯都是火候分寸不对。

红烧圈子的口感应该入口酥糯绵柔、肥而不腻、略带嚼头。常见的问题是嚼不动，这是预处理时没煮到位，如果预处理时煮过头了，则圈子烂得走了形，会立不牢，从外观上就能看出来。

红烧圈子的味感应“甜上口、咸收口”，酱香醇厚、鲜而不腺、生津回甘、余韵不绝。最常见的问题是圈子有异味，这是预处理不过关，可直接退货；常见的小问题往往是醇厚的酱香味感不足，这是调味和火候上的功力不足。

看一家新开的本帮餐馆“道份”如何，一个最实用的办法是看它的菜单上有没有“红烧圈子”这道名菜，这是检验这家餐馆本帮菜技艺最基础的一块“试金石”。

早期本帮菜在餐饮市场上竞争的一大法宝就是价廉物美，那会儿上海的本帮餐馆几乎没有几家敢去打“燕鲍翅参肚”这些高档原料的主意，相反，菜市场上的便宜货反而倍受关注，因为这些原料只要加工得法，就可以产生较高的“附加值”。

红烧圈子这道名菜就是在这样的市场背景下诞生的。

这些“下水”料中，又以大肠、肺头等为最便宜，因为它们不仅异味较重，而且洗濯困难，不得其法者很难将它们做成美味。于是它们自然就成了那个年代上海餐馆们争相研发的对象。

清朝末年的时候，猪肉还是比较贵的，那会儿的农民基本上到了年关才舍得杀一头猪，而猪肉除了腌一部分过年以外，其他的差不多都是要卖掉换钱的。但俗称为“下水”的各种猪内脏却往往是例外，一般会作为犒劳乡邻们的“杀猪菜”，热热闹闹地吃掉了，因为主人家很清楚，它们也卖不出几个钱来。

同治元年（1862年）正兴馆开张了，年轻的老板祝正本和蔡仁兴正是脑筋活络的时候，为了确保每天的材料新鲜，也为了确保成本的控制，他们自然是需要亲自去菜市场买菜的。因为当时上海各家餐馆的肠汤线粉、肠血汤这样的便宜菜式都比较好卖，因而每天跟班徒弟的菜篮子中，都少不了一挂又一挂的猪大肠。

但很快他们就发现了一个问题，那就是在当时的各种大肠类的菜式中，一般都不用最末端的那一截直肠（也就是肛门的那一段），而从采购成本上来看，整挂地买大肠显然要更为划算，这就意味着他们必须为每天多下来的这些直肠找一个新出路。于是，他们让厨师尝试着用这段直肠去红烧，并将这种最初的新产品直白地叫做“炒直肠”。

作为一款创新菜，“炒直肠”显然很成功，食客们惊喜地发现，这种味

■ 百年老店“老正兴菜馆”

道很“本帮”的新菜式不仅价格便宜，而且口感和味道都很独特，那种“软糯绵滑”的感觉酥得连八十岁的老太太也会爱上它，只是这个菜名实在有点不雅。

因为直肠的圆径较大，煮熟后象根柔软的圆棒，切段以后便成为一个个的圈子，于是在好心人指点下，正兴馆的“炒直肠”被顺理成章地改成了“炒圈子”（也有称为“烧圈子”的，“红烧圈子”这个正规叫法是后来的事了），这下终于“名正言顺”了。

“炒圈子”在正兴馆（就是后来的“同治老正兴”）一炮打红以后，各家本帮风味的餐馆纷纷效仿，而此后，号称“老正兴”的餐馆越来越多，各家“老正兴”虽来路不同，但都把这道菜能否做得好看成是否是正宗“老正兴”的标志。诸多“老正兴”中的后起之秀“东号老正兴”和“雪园老正兴”的老板夏顺庆甚至把这道菜列为必须“做到最好”的菜式之一。

20世纪20年代出版的《老上海》专集中记载：“饭店之佳肴，首推二马路外国坟山对面，弄堂饭店之正兴馆（注：也就是“同治老正兴”），价廉物美。炒圈子一味尤为著名。”

为叙述方便，下文采用“红烧圈子“这一正规名称。

烧圈子看的是预处理

上好的“红烧圈子”色泽红亮，有明显的“自来芡”质感。入口酥糯绵柔、肥而不腻，味感酱香醇厚、鲜而不燥、生津回甘、余韵不绝。

■ “圈子”预处理

作为菜名，把直肠委婉地称为“圈子”显然是高明的。但在厨师眼里，“圈子”就是直肠，就是大肠最末端的肛门附近的那一截，这没什么可以藏着掖着的。既然是直肠，那么异味必然最重，所以如何去掉它那浓烈臊臭的异味，就是至关重要的第一步，这一步没做好，下面的一切都是白搭。这也是如今不少号称“地道”的本帮餐馆不敢轻易把这道名菜列入菜单的重要原因。

范仲淹诗曰：“江上往来人，但爱鲈鱼美。君看一叶舟，出没风波里。”要把猪内脏中最为臊臭的“直肠”做到这个地步，不仅要求厨师熟练掌握本帮红烧的“自来芡”技法，更重要的还在于它的预处理过程极为细腻。而恰恰这个菜谱中往往不太提及的预处理过程是最容易犯错误的，这些操作步骤上的“题外话”才是最考验厨师的地方。

你要先将直肠放在温水里，一边灌水，一边将直肠翻转，剥净肠内污物并洗净。之所以用温水不用凉水的道理在于，直肠里的那些脏东西遇热时才更容易板结。但开水却不好，因为热过头了，直肠会缩得很紧，反而不容易洗了。

需要注意的是，直肠内的白油是不可以全都剥光的，剥去多余的絮状油脂就可以了，附着在肠壁上的油脂是干净且有用的，待会儿焖烧的时候，全靠它来形成“自来芡”呢。这一步洗清后翻回原状，切去直肠的两端，也就是肛门头和薄肠。

初洗完的直肠放入清水锅中用旺火烧开，等到直肠的外层发硬紧缩，就该捞出来了。这会儿得再翻过来，用盐和米醋反复揉擦，直肠内的粘液也是一种蛋白质，它会在盐的作用下凝固起来，这就方便去除了，而醋是去

■ “圈子”烧制全过程

除臊味的，清洗时必不可少。这一步一直要反复揉擦、清洗、再揉擦、再清洗，再到肠壁一点都不粘滑了，才算洗好了。

接下来得再放进锅里煮了，这回锅里除了清水以外，还得放葱结、姜块和黄酒，如果仔细观察，你会发现这时锅里的味道还会有些臊臭，这就得再换水和佐料再煮……

慢慢来吧，这一步千万不能操之过急，如果你这会儿耐不住性子，总觉得“差不多了就行了”，那是不可能把“红烧圈子”做到“嗲”的地步的。

你很可能要问，那么到底煮到什么时候才算是个头呢？

这个过程差不多是这样的：每次都得用大火烧开，然后再换小火焖。一开始的时候，汤色是有点混浊的，味道当然也会有点臊臭，这就得换水了。从头再来一次……

直到你发现汤色终于澄清了，不再混浊了，而锅中飘出来的味道也没有一丝一毫的不雅的腥臊感了，这就不要再换水了，一直煮到它酥软下来

■ 草头圈子是红烧圈子和生编草头的双拼菜

就行了。在水里反复漂煮的这个过程，差不多要有一个半小时到两个小时，这得看直肠的厚度及质地而定。当你用筷子可以很轻松地戳进去时，就可以捞出来了。

刚捞出来的时候，直肠显然是有点发胖的，这是不能直接拿去烧的，否则烧出来的质感是“烂”而不是“糯”，这就“差之毫厘、失之千里”了。

你得先把它浸在凉水里冷透，然后捞出来整齐地排在盘子里，进冰箱冷藏。冷藏之后的直肠会重新紧缩起来，这就为最后“临门一脚”的上灶红烧打好了伏笔。

“厨德”是最大的“绝招”

人们常常会以为“大厨师”们都藏着一手神龙见首不见尾的“江湖绝招”，其实厨房里真正的“绝招”往往是很平凡的，在很多时候，它只需要厨师有足够的尊重食材的那种“敬事如神”的精神，这就是所谓的“厨德”。

但这种超乎寻常的平淡坚守却往往是最难做到的，人们往往急于求成，热衷于用某种“神秘”的配方快速变成“厨神”。在片面追求“成功”的今天，我们丢掉的可能不仅仅是真正的美味，更重要的是我们可能不再相信“一份汗水、一份收获”才是真道理了。

虾籽大乌参的“文武”之道

上好的虾籽大乌参色泽乌光发亮，质感软糯中略带胶滑咬嚼感，抖动后有明显的飘移式浮动感。

虾籽大乌参的味感应该是典型的上海浓厚酱香，虾籽的醇厚鲜香应明显出头。

什么叫刚柔并济？什么叫文武相彰？什么叫阴阳互补？什么叫宛自天开？一道虾籽大乌参里都有了。
这就是虾籽大乌参为什么会成为本帮菜“头道大菜”的原因。

虾籽大乌参是本帮菜中的头道大菜

这道菜诞生之前，本帮菜的总体“档次”还不高，相比起“高端大气上档次”的淮扬菜和粤菜来，本帮菜多少还显得有些“小家碧玉”。但幸运的是，虾籽大乌参的诞生改变了这一切，此前一直以“全家福”压阵的本帮菜（另一道大菜“八宝鸭”是“虾籽大乌参”以后诞生的），终于有了镇得住台子的头道大菜了。

虾籽大乌参的取料是梅花参，产自南海东沙、西沙一带水域，它与辽宁的刺参一起被并称为“北刺南梅”。

因为上海一直没有像北京、扬州、广州那样的奢靡的饮食风尚，加上“燕鲍参肚翅”这一类的海产干货的价格不是普通老百姓可以问津的，所以鲁菜的“葱烧海参”这样的菜式一般不会引起注重实用的上海人的关注。如果不是因为有海货行免费向德兴馆提供试制样品这么一回事，上海人应该是不会打海参什么主意的，但历史却偏偏开了这样一个玩笑，这也是后来上海人一直偏重于吃大乌参（梅花参）而不是辽东刺参的缘故（因为北方海水较冷，海参生长较慢且采收困难，所以北方的“辽参”更贵一些）。

当时黄浦江西岸的外滩到十六铺这一带远不是我们今天看到的这样整齐漂亮，那会儿这里有一条闹哄哄的“洋行街”，洋行街上的“洋行”，以兼营南洋进口货物的闽粤商号居多。众多泉漳商人聚集于此，以出售福建盛产的蔗糖及土特产为主，并代理南洋贩运来的胡椒、燕窝、海参、樟脑、檀香、苏木等，上海人称之为“洋货”，洋行街因此得名。许多干货行、海味行经营的商品种类更是五花八门。其中，海味行经营的海参身价不菲，但因它的参皮坚硬，人们不知如何食用，加之干海参形如老鼠，上海人故而称之为“海老鼠”，这就更乏人问津了。

虾籽大乌参这道菜始创于20世纪20年代末的德兴馆。

■ 上海人称这种梅花参为“海老鼠”

义昌海味行和久丰海味行的老板也在为这批珍贵的海参行将“老死闺中”而发愁，但借酒浇愁的两位老板发现附近小东门德兴馆的生意很不错，于是他俩想到了一个绝妙的促销办法，那就是只要德兴馆能将海参做成一道好菜来，海货行无偿供货试制。

德兴馆的厨师当然是懂行的，他们知道即使是海参中相对便宜的“梅花参”，也是价值不菲的，这当然是两全其美的好事。于是这件差使落到了德兴馆“头灶”大厨杨和生的身上。

这是一段为后人津津乐道的餐饮趣闻。但很少有人知道，从最早的红烧大乌参，再到今天的虾籽大乌参，德兴馆的厨师们付出了多大的心血。

什么是上好的虾籽大乌参

虾籽大乌参一般是整条上桌的，食客验看以后，服务员再将其划开或分成小碟。但笔者建议你亲自捧着那只大盘子验一下“货色”。

上好的虾籽大乌参的质地应该是柔糯中略带胶滑的咬嚼感的，这种独特的质感可以这样来验证：

你将盘子左右摇晃一下，然后放在桌子上。大乌参贴着盘子的部分当然是会不动的，但上面的就不一样了，虽然你把它放在桌子上了，但它此时仍然会产生一种“浮动的云朵”一般的轻微颤动，这种颤动感极像蒙古舞

■ 恰到好处的虾籽大乌参才会颤动

中的“碎肩”。无此神韵者，一般不外乎两种状况：要不就乱颤得像一摊烂肉（那是烧过头了），要不就硬梆梆地毫无反应（那是火候不到）。

从外观上来看，虾籽大乌参的工艺虽然是红烧，但它一般不可能烧成“如胶似漆”的那种“自来芡”效果，它更近似于红烧划水那样的厚滑的“稀卤薄芡”。

下一步是将虾籽大乌参切开，如果肉质的外面一圈是酱色的，而里面是白色的，那一定是不够“入味”的，那是预处理不到位的缘故。

入口以后的大乌参的最妙之处，应该是那种柔腻中微带韧劲的口感与浓厚馥郁的鲜美酱香的一种复合。海参一定是不可以“入口即化”的，它最美妙的地方就是那种柔与韧的完美结合，那是一种柔中略刚的妩媚，是一种温婉动人的执着。

当然，要把虾籽大乌参做到这样的地步，不是一两句闲话就可以“一带而过”的。在本帮菜诸多菜式中，唯有“红烧鮰鱼”与“虾籽大乌参”这两道菜的执牛耳者可以称“王”，这是因为本帮红烧里，数这两道菜的调味与火候最为精妙。而“火候”二字，其实就是“文武”之道、“阴阳”之化。

细说虾籽大乌参的“文武之道”

我们分步骤来看一下这道菜的“文武之道”到底体现在哪里：

■ 烤干参这一步据说是海货行扔掉的大乌参被一个经营老虎灶的人无意中当柴烧而发明的，但此说不可考

1. 燎 皮

大乌参买回来时是干的，而干制的大乌参是不能直接拿去涨发的。

因为大乌参会有一层黑色的表皮，如果直接涨发再烧，那么外层表皮的这种黑乎乎的外观和粗糙的口感是很难引起人们的食欲的。而发好后的海参质地较软韧，如果想去掉这层黑皮，又不免会挖掉海参的肉质层，海参表面就不够平滑了，这当然也是不行的。

最终解决的办法可能是参考了红烧肉的“燎皮”，就是将干的大乌参直接上明火去烤，一直烤到大乌参的表面呈焦炭状，这样乌参表面的皮就会变脆，用铲刀轻轻一刮就可以脱得干干净净。刮好皮的大乌参再去涨发以后，看上去就不是“大乌参”，而是“大白参”了。

这一步必须用火刚猛，当然是“武”。

2. 涨 发

大乌参的涨发本身也是有许多名堂经的，比如发海参的地方不能在厨房里，最好是有个单间，这是因为它不能沾上“油、盐、碱、味精”中的任何一种，否则海参都会像长了个疮似的烂掉。

涨发海参是极其麻烦的：刮去外壳的大乌参要先冷浸八九个小时，让它自然回软一些，再换清水将它烧开，然后端锅离火，让它自然冷却。这时候大乌参稍微有点软了，这才可以剖肚挖去内脏，剪修干净。然后再用清水将它烧开，再冷却。

如此往复共三四次，才能将大乌参均匀地发好。这时候，你用手去按，一按一个坑，但马上就能还原，这就成了。

这一步必须文中有武、武中有文，这样才能均匀地涨发好大乌参。若是把握不好这个分寸，那就“糟”了。

■ 发好的海参一定要先炸一下表皮

3. 油炸

涨发好的大乌参是不能直接拿去红烧的！

因为涨发好的大乌参这会儿虽然均匀地柔软下来了，但它的问题也正在“均匀”二字。要知道这种质地的大乌参进了汤水以后，受热可是“不均匀”的，外面的会比里面的肉质更容易焖烂掉，吃起来就不爽了。当年杨和生他们在试制时很可能吃过这个亏！

所以水发大乌参在入汤锅红烧之前，一定要人为地使大乌参外面的质地坚硬一些，这样最终烧出来的质感才会刚好。

你还记得五香烤麸和糖醋排骨这样的菜式吗？水发大乌参也需要这样一个局部改变质地的油炸过程。这就像下棋的步骤一样，节奏错乱不得。

油炸同样需要把握一个分寸，炸的目的是为了收紧表皮而不是为了炸干大乌参，所以油温要高一些，大乌参要放在漏勺里，这样便于及时捞出。

大乌参刚进油锅时，当然是会发出响亮的爆裂声的，这是因为里面含水很多的缘故，等到爆裂声减小时，大乌参表面的水分基本上炸干了，但这时油温可能不给力了（要看火候大小而定），如果是这样的话，那么要先提起漏勺来，让油温再升到七八成时，再下去炸一下，一直看到大乌参表面燎出很多小泡泡来，这就算把外表皮给收紧了。

用七八成热的油来炸，这当然是“武”。不过，这种“武”必须有节制，不能过了头，收紧表皮即可。

■ 红烧大乌参这道菜是需要反复研究的

4. 冷 浸

油炸过的大乌参最好不要直接下锅红烧!

但菜谱上写的往往是将大乌参油炸后就上锅红烧了,而且一般你所能看到的操作表演大多是从这一步开始的。遗憾的是,大厨师们在这里再次留下了一小手。

因为如果此时就把大乌参上火去烧,虽然也要经过一个焖烧过程,但你要知道,你对付的,是极难入味的海参。如果直接去烧,那么很可能大乌参里外两层入味了,但海参肉质的中间部位还没入味。你切开来一看就知道了,里外两个表层是深色的,中间还是白色的。

为什么非得如此麻烦地热了冷、冷了再热呢?因为海参的涨发最讲究"均匀",如果你一直不停地"煮啊煮",那么好吧,外面的会被你煮烂掉,而里面的还硬着呢。所以必须要像钓大鱼时那样,收一收,放一放,再收一收再放一放,如此往复,这样才能把大鱼钓上来,要是一直拉钓线,大鱼早挣脱掉了。

这个诸多菜谱上往往不会写进去的一点,恰恰会要了很多厨师的命。他们发现烧来烧去,这道菜就是烧不好:如果烧入味了,大乌参最后往往塌了型,而如果要保证大乌参的质感,往往又完全不入味。几乎很难简单地通过调节火头大小来把握好这一对矛盾。

虾籽大乌参最玄妙的一点也正在这里!

■ 1985年南市区饮服公司组织的本帮菜技艺研讨（图左一位戴眼镜的是蔡福生，中为李伯荣）

“上海乌参王”任德峰是这么处理这一对矛盾的，他说：“红烧肉里最受欢迎的往往是其中的卤蛋，而红烧肉里的卤蛋什么时候才好吃呢？不要烧它，放它一夜，让肉汁自己慢慢地渗透进去，第二天你再拿出来热一热，这时候的卤蛋才最好吃。虾籽大乌参也是这样，上锅红烧之前，你得先把它浸在红烧肉的卤汁里浸过一夜，这样肉汁就会缓慢地渗透到海参的肉质里去。”

大乌参的冷浸入味好比是象棋残局里常见的“闲子困毙”，这一步“顿挫”之笔当然是“文”。

5. 红 烧

这一步相对而言就简单一些了。

炒锅留底油，爆好葱姜，将大乌参肚子朝下放下去，下绍酒、酱油、白糖、虾籽、红烧肉卤、肉清汤（或清水）烧开，加盖，端到小火上烧入味。这个过程不需要很长，有个十分钟左右就行了。然后开盖，捞出大乌参来先

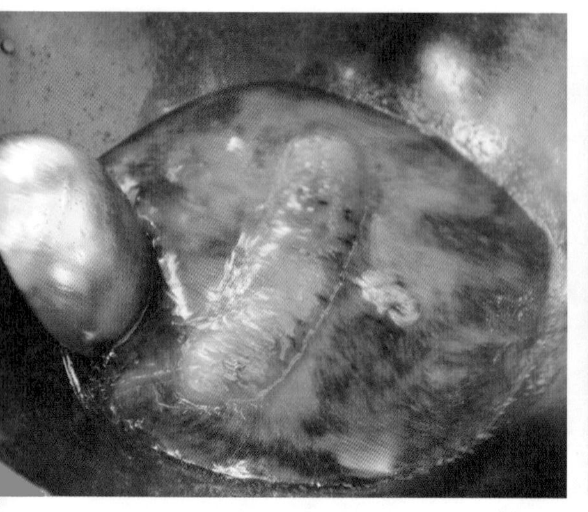

■ 比较起来红烧倒不算太难了

■ 即将上盖焖烧的时候，注意汤水的颜色，看上去虽然淡，但这才是刚好

装盘，再用大火将汤汁收浓，下湿淀粉收稠它，同时晃锅淋上滚热的葱油，最后把汁水浇在大乌参上就可以了。

厨艺中的火候其实并不是一味地上火去烧，有时候不上火，或冷浸、或热焐、或风干、或晾晒，这也是火候，这就是“文武之道，一张一弛”的道理。

文武之道，一张一弛

红烧这一步的文武火候前面已经讲过，就不重复啦。

很多人听到这里，纷纷忙不迭地大为惊叹：原来一道虾籽大乌参居然如此玄妙!

慢着，还没完呢，人家还留着绝招呢，你怎么放虾籽呢?

你会说，那还不简单，把上好的湖虾籽放到汤里去烧不就完了?

看看，又错了吧。要知道虾籽粒虽然很小，但那一粒粒细砂一般的小小虾籽可是有一层坚硬的壳的，如果你直接放进汤里去烧，那么虾籽出味可是要等到差不多两小时以后的，那时候大乌参早烂完了。

解决的方法是这样的，买回虾籽后（虾籽一般产于初夏，但最好经过三伏天的暴晒，这种虾籽称为“伏盆籽”，但一般来说市售虾籽收燥程度都不够），你得先将它进行曝晒，直至完全干爽，这样虾籽的鲜香才更浓郁。然后再用中药房里用的那种药碾子将虾籽磨成粉，这样的虾籽放下去才会起鲜。

相关链接

关于虾籽大乌参这道菜的来历，坊间流传得最多的一个错误版本是研发者为杨和生与蔡福生二人。但笔者考证下来，不是这样。

最早研究出这道菜的，应该是以杨和生为主的德兴馆厨师团队，这里的核心人物可能还会有李林根，但不可能是蔡福生（更不是什么“蔡福森”了）。

据李伯荣大师回忆，解放前他13岁时进德兴馆学生意，当时蔡福生和他一样，是个除了上灶以外，什么活都得干的“学徒”。1949年上海解放以后，年满18岁的李伯荣和大他近10岁的蔡福生同时正式跟杨和生上灶学做菜。照此推算，上世纪20年代末，蔡福生不可能成为这道菜的主创人员，更不可能与杨和生并称（厨业行规中的辈份是相当讲究的）。

李伯荣的父亲李林根是1926年进入德兴馆“学生意”的。到1939年时，他的技术实力

■ 虾籽是需要用药碾子碾碎的，这是秘不外传的绝招

终于得到了当时的德兴馆老板的认可，老板以20%的股份让他“技术入股”，名为“协理”，实为“把作”（厨师长），而“头灶”杨和生是来自宝山帮的名厨。当年的德兴馆有李林根这样的“墩头”和杨和生这样的“灶头”，其技术实力在当时的上海滩应该是首屈一指的了。以这两个人的厨房实战经验作为底子，他们才有可能创作出这道菜来，在那个辈份排行渭泾分明的年代，其他厨师几乎是不可能拿出主导意见的。

虾籽大乌参刚刚研发的那个年代，李林根刚入德兴馆不久，他在厨房里的地位可能还不足以有足够的发言权，但这道菜定型于淞沪抗战之前，这段时间应该正是李林根在厨房中“茁壮成长”的时候，这道菜的工艺过程实际上一直在进行尝试和改良，到了后期，李林根应该是参与到其中的。据李伯荣大师回忆，这道菜从红烧大乌参定型为虾籽大乌参，正是他父亲李林根的提议。

糟钵头最“上海”

上好的糟钵头外观就是一道普普通通的浓汤菜式，外观上几乎看不出名堂来。但这道汤菜的前香（也就是香糟味）应该是一上桌就能飘出来的。所以品鉴这道菜的第一件事，便是闻香，汤糟如果没调正，或汤糟放少了，则香味不足；汤糟如果放太多了，也较为败兴。

糟钵头应该是连汤带料一起吃的，而且最好带着几丝青蒜叶（有时候是韭黄叶）一起入口。因为只有在醇厚的糟香的衬托下，各种内脏的绵软醇厚才能更好地体现。

常见错误一是内脏下水料没处理到位，这样往往会嚼不动；二是糟香不正或不醇厚，这一步错误很可能是厨师用的是瓶装的糟卤而不是用香糟泥吊制出来的糟卤。不过这只有吃过正宗本帮香糟味的人才吃得出来。

糟钵头的味道本身就是上海的化身。而这道很不怎么起眼的菜，可以说，是本帮菜中资格最老的，它差不多已经有210多年的历史了。

杜月笙的“糟钵头情结”

老上海人没人不知道杜月笙的，这位当年的流氓大亨既贩过鸦片、开过赌场、镇压过工人运动，也行过慈善、抗过东洋、办过红十字会。

上海解放前，老谋深算的杜月笙既没有听国民党的，也没有听共产党的，他既没逃去台湾、也没留在上海，1949年4月，他独自去了香港，这是他心目中最安全的避风港。

此时的杜月笙已是六十开外的老人了，他听不懂粤语，也没有多少朋友，于是，他也只能和大多数上了年岁的人一样，躺在宽大的摇椅里一遍又一遍地在回忆中思念故乡。

对于独处异乡的人来说，老家的味道是思乡之情最好的载体，但是香港却没有这种上海味道。其实即使是在上海，他也只认定一家的风味，那就是百年老店德兴馆，家里的厨子无论如何都是做不出这种风味来的。那种绵长而幽雅的味道曾经那么亲近，但此刻又那么遥远。

这种思念像蜘蛛网一样缠绕着他，终于，他决定不管花多大的代价，也要请上海的师傅到香港来一趟，他再也不能忍受没有这种味道的日子了。

于是他便让他的原总账房黄国栋再次回到上海，找到了德兴馆。当时，由于美国的海上封锁，上海的船只不能直达香港，于是黄国栋手持杜月笙的亲笔信找到了时任上海市副市长的潘汉年，由潘汉年想办法，安排德兴馆的两位厨师经由第三国绕道来香港。

那么，让杜月笙如此念念不忘的，到底是个什么样的菜肴呢？这种勾魂的味道到底又是一种什么样的风韵呢？

这道菜就是糟钵头!

对于生于川沙的杜月笙来说，糟钵头的味道本身就是上海的化身。而这道很不起眼的菜，可以说，是本帮菜中资格最老的，它差不多已经有210多年的历史了。

“糟钵头“的诞生

糟钵头也是如此，这道菜最早差不多就是猪下水的一锅大杂烩。与如今这个世道所不同的是，在明清那会儿，猪肉很值钱，而内脏下水却不大值钱，这些耳、脑、舌、肺、肝、肚等内脏往往是杀完猪以后穷人的“杀馋”之物。而这些“杀馋”之物的做法也极其简单，那就是一锅乱炖，上海话称之为“笃”。，

如果大家都这么简简单单地“笃”下去，那么那种市井风情也许只有地方史研究者才会感点兴趣。但这道菜“笃”到清朝嘉庆年间时，有个叫做徐三的本地厨师，换了一种“笃”的方法。于是，糟钵头这道名菜诞生了。

本帮菜的初步成形，是在清朝末期的同治、光绪年间，集大成于民国年间（20世纪二、三十年代），而它的孕育过程显然要漫长得多。在咸丰年代以前，也就是中国还没有与外国签过什么“不平等条约”的时候，上海菜基本上都是些家常而平民的江南菜式，比如烂糊肉丝、红烧大肠、腌笃鲜等，这些登不上大雅之堂的菜式往往取用的是些普通、廉价的原料，从这个角度也可以管窥一下当时的上海还是一个“很不怎么样的”的小城市。

徐三和他的糟钵头

徐三是上海浦东三林塘人。古代的农村按地域的不同，往往都会像“世袭”一样地传承某种谋生的技能，比如苏州东山的木匠、扬州杭集的玉工、歙县郑村的砖雕匠，等等。三林塘这个地方历来是个厨师辈出的地方，学做菜是当地人除了种地以外的最重要谋生手艺，后世的本帮名厨大多祖籍出自浦东三林塘，故而三林塘有着“本帮菜摇篮”的说法。而徐三就是当时靠做菜小手艺谋生的“农民工”（当然，也可能是小老板，古籍上能记下一个身份卑微的厨师的名字或者绰号已经很不容易了）。

那么当年徐三的“笃”法到底做了什么样的革命性的改良呢？据《淞南乐府》记载：“徐三善煮梅霜猪脚。迩年肆中以钵贮糟，入以猪耳、脑舌及肝、肺、肠、胃等曰‘糟钵头’，邑人咸称美味。”也就是说，徐三是先将

■ 《淞南乐府》书影

■ 25岁时的李伯荣仍在德兴馆

■ 李伯荣在吊糟

猪内脏们“笃”好了，再用糟将它们腌渍起来，存放在“钵头”里。在今天，这种工艺手法被称为“熟糟法”。

这道美味到底美到了什么程度呢？有诗为证：“淞南好，风味旧曾谙。羊胛开尊朝戴九，豚蹄登席夜徐三，食品最江南。”

在清朝时的江南，吃羊肉就像今天吃燕鲍翅一样，是极其尊贵的，因为江南本不产羊，这种奢侈的吃法要上溯到北宋变成南宋的那会儿，开封的那帮达官贵人们从北方河南带过来的一种饮食癖好（同时带来的另一种饮食癖好是以甜为雅，这对于同样是不产甘蔗和甜菜的江南来说是比较奢侈的）。

徐三的这道菜不仅能够“登席”，而且还能够和做羊肉的那位戴九老兄齐名，可见当年的文人对徐三和徐三的糟钵头是给予了相当高的评价的。

不过中国美食史的记录者们往往有着一个大同小异的坏毛病，那就是所谓的“君子远庖厨”，那时候的文人大多是不屑于记录下厨师到底是怎么做出菜来的，这就是中国美食林中往往传说很多，诗词很多，但信史却很少的原因之一。

徐三那个年代的糟钵头，差不多是一道糟香味的卤菜，但这道菜传到

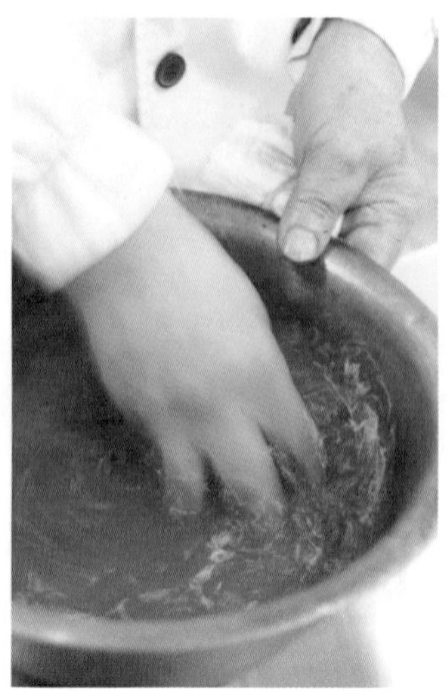

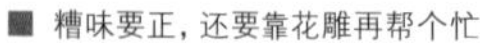

■ 糟味要正，还要靠花雕再帮个忙

■ 吊糟是件“工夫”活

民国年间的时候，德兴馆等本帮菜馆已经将它改良为一道汤菜了。所以史料上记载的糟钵头和今天本帮菜中的糟钵头可能不是一回事了。但主料用猪内脏，味型用香糟味这两点是不变的。

那么说了半天，杜月笙所钟爱的这道糟钵头的美味到底是怎么回事，还是等于没有说，毕竟形容词是堆不出美味来的。

李伯荣话说糟钵头

杜月笙以前常来德兴馆，每次都会点上很多菜，但糟钵头是必点的。更多的时候，他是让德兴馆把菜送到他家里去，而糟钵头自然也是必不可少的。

解放前的李伯荣还是个不满18岁的“小徒弟”，尽管他父亲李林根已经是德兴馆的把作（厨师长）兼股东了，但他那会儿可没过上一天“富二代”的日子，从13岁那年起，他就得跟着大厨后面“学生意”了，而给杜月笙这样的头面人物上门送菜自然也

李大师说：“糟钵头、糟钵头，关键全看一个糟。猪下水以前之所以贱，就是因为异味较重，而不同的猪下水、去异味的方法又各不相同。猪耳要刀刮、猪脑要漂水、猪肚要盐搓、猪肺要灌水、猪肝要卤煮，这些无非就是费事一点，倒也算不上一个难字。把制熟了的猪下水放到砂锅里去‘笃’，这一步也不算太难。”

■ 上京白酒的糟

■ 老大同销售点

是徒弟们的份内事。说起杜月笙的糟钵头情节来，李伯荣显然“很有料”。不过我更关心的，是杜月笙喜欢的那只糟钵头为什么会如此吸引他。

“糟钵头，难就难在糟如何去吊。江南一带盛产黄酒，黄酒的酒糟往往是酒坊的废弃之物，但是后来人们发现用黄酒糟对原料进行腌渍以后，风味既不同于醉，又不同于酱。酒糟之味比酒更醇厚，比酱更清雅，这是一种阅尽沧桑以后的淡泊，同时又自然地带有一种老于世故的深沉回味，这是一种独特的江南味道”。

“上海最著名的酒糟叫‘老大同’。黄酒当然是用糯米酿的，但别人的酿酒重在酒，酒糟已经过充分的发酵与提炼，酒糟所剩之味自然干烈而发苦。但‘老大同’却不一样，他眼里最好的糟往往是小作坊里的，它的工艺差不多成了“为糟而制酒”，糯米经过九制陈酿以后却不以提酒为上（实际上是工艺落后提不净），而是以陈酿之酒液养酒糟之香，这样就形成了一种独特的糟泥。在烹饪上，这种不为酒而只为糟的错误的酿酒方法却恰好为香糟的生产提供了最好的原料，当然，老大同取来糟底子还是要继续加工的，这是人家的秘诀”。

“但是在菜肴制作上，酒糟毕竟还是糟，如果只有糟而没有酒，那么菜肴的味道就过于老气横秋了。这里还要兑上一定量的黄酒，这样从味性上来说叫做‘陈鲜互映’，简单点说那就是‘上阵父子兵’的道理”。

■ 糟钵头里的主料

要想把糟的味道做得正，酒和糟的比例很关键。酒多了味太清，那就变成醉了，而酒少了味太厚，那就差不多像酱了。最舒服的味感应该是一包糟泥配上三到四瓶花雕，当然，还要看具体的菜肴，生糟、熟糟的配酒还有不同。

“这样把花雕和糟泥拌匀以后，让它饧一个晚上，第二天用纱包把它包住吊起来，让泡过一夜糟的黄酒一滴滴地滤出来，这就是糟卤。头一道糟卤一定是浑的，还要换块叠起来的厚纱布再滤，汤菜里可以用浑糟卤，但如果是凉菜用浸泡用的糟卤，那就一直滤到糟卤清彻见底了，这才算是吊好了。街上买来的瓶装的糟卤一瓶才不到六块钱，他是不可能舍得用花雕酒去吊的，所以那个味道就不正”。

“糟香除了要正以外，还要追求一个‘雅’字。本帮菜最难的也就难在这里。要知道糟卤毕竟是有一定酒精含量的，而酒类的味道容易使味蕾麻痹，这就需要再加几味提味的东西使沉闷的糟香味有一种跳出来的感觉，这种味感既不能压过糟香，又不能尝不出来。更重要的是它还必须有

■ 捞出主料来的糟钵头

一种幽雅感，这样幽雅配上绵长，上海的味道就出来了”。

“那么对于糟卤来说，这种味道上的忠臣益友到底是什么呢？那就是吊糟卤的时候，要放一点点老陈皮和足量多的葱段姜片，再用黄酒和糟泥一起饧。这样糟卤吊出来就有一股清雅的味感了”。

“将猪肺、猪直肠、猪肚、猪爪、猪肝分别洗净，烧熟。再将各种内脏及猪爪切成小条或小块，入砂锅，加鲜肉汤、酒、葱、姜片，用大火烧沸后，转用小火炖半小时左右。等到猪内脏酥软后，加笋片、熟火腿片、油豆腐（先用微碱水略泡，清水过清）、精盐、味精，再炖10 分钟左右，淋上熟猪油、香糟卤，撒上青蒜叶，这道菜就算做成了”。

“好菜往往都有一点绝招的，不过这些绝招说来也很简单，那就是厨师对食材味道的性能要有充分的了解。知己知彼，知其然而后知其所以然，这就是万变不离其宗的道理”。

油爆虾的"刚"与"柔"

上好的油爆虾色泽红亮，卤汁包紧，虾体"头壳爆开、尾脚须张"，芡汁足够胶稠，不能流动。常见的错误是油温不够高，导致虾头和虾尾部都不能明显向两边张开。此外，活虾爆出来一定是O形的，死掉的虾爆出来可能是L形的。

油爆虾的口感应该是外脆里嫩，其中虾头应酥脆，虾壳应松脆，虾肉应富有弹性。这样才会有越嚼越香的感觉。

油爆虾的味感应该是"甜上口、咸收口"，卤汁浓香馥郁，有经典的老上海复合酱香感，且咽下后口中有非常明显的"挂口"、"回甘"感。

油爆虾的味道是一种经典的本帮酱香味，它的总体要求是“甜上口，咸收口”，酱油和糖是其中最基本的味道底子，它们的原则先定下来，这就不会偏得太远了。

你会吃“油爆虾”吗?

这个问题看上去很奇怪，一般人会说，“油爆虾”再怎么好，也就一道菜罢了，还有什么会不会吃的?

这个问题是这样的:

首先，这道菜刚上桌时，一定是滚热的，这时候你千万不要忙着聊天喝酒侃大山，万事都得暂且放在一边，先趁热消灭了它再说。因为如果你不马上吃掉它，那么虾壳里的卤汁会很快地使虾壳软下来，脆度和香头就打了一个大大的折扣，这个最美的瞬间一般不超过10 分钟。换句话说，油爆虾上桌后，你不动筷子就先输了半招。至于等它凉透了，那差不多等于浪费了一道好菜了。

其次，油爆虾应该整只入口，万万不要淑女般地小心地先将虾头咬下来吐掉。须知这道菜的设计理念就是要让虾头也能够吃下去，吐掉虾头不吃，那就真是“洋盘”了。真正的吃货会将整只油爆虾在嘴里轻松地嚼完后，再全部咽下。

再次，油爆虾最好是连续不断地吃，中间最好不要停顿，这样那种浓郁的本帮酱香才会有一种“生津回甘”的感觉。所以一份油爆虾上桌后，千万不要斯文地等转盘转一圈再回到你面前时再挟一只，而是直接将它分到各人的小碗里，一只接着一只地吃完它。

油爆虾最早的雏形是太湖船菜，这种做法是将河虾油爆以后，浸在酱油汤中，这种做法太湖沿岸的百姓人家还有存留，但这种做法显然是淮扬菜的家常版，而它的缺陷也是明显的，那就是虾头没人吃，而且这种油爆虾味道一般较淡，难以产生“挂口感”。

■ 油爆虾用的是河虾，也称草虾

■ 虾太大了肉多卤少，太小了卤多肉少，这么大刚刚好

你会问：谁告诉你的呀？我们怎么从来没有听说过这种吃法啊。

这不奇怪，因为你不知道这道菜的由来，也不知道这道菜的工艺过程，所以当然也就没有推敲过这种"吃法"。

曹金泉的设计思路

油爆虾是"源记老正兴"的开山之作，当年范炳顺和曹金泉在离"同治老正兴"不远的地方开业时，油爆虾正是他们的秘密武器之一。

而在油爆虾诞生之前，河虾的吃法无非是较为家常的"盐水虾"、"醉虾"和较为考究的"清炒虾仁"、"汤大玉"（清汤大虾仁）。但这些做法要么太过简单，要么太过细腻，从菜肴设计这个角度来说，这些做法都不是餐馆的首选。

曹金泉是如何想的，当然没有人知道，但他在重新设计这道油爆虾时，显然经过了反复的思考，与一般的无锡师傅不同的是，曹金泉虽然在无锡菜馆里做大厨，但他却不是无锡人，他当然会用一个上海人的脑筋去打量这道菜。

要想把虾头也一块吃下去，就不能用"油炸"而必须用"油爆"，这两者虽然看上去差不多，但它们的本质区别在于，"油爆"的油温要比"油炸"高出许多。

■ 七成起烟八成浪，九成平静十成火，看油温是项基本功

“油爆”的好处在于它能在极短的时间内让虾壳的表面迅速脆化，但虾肉里的水分还来不及排出，这样才会达到“外脆里嫩”的效果，失去少许水分的虾肉会萎缩一点，这样虾壳和虾肉之间就多了一层缝隙，这就足够卤汁钻进去了，有了足够的卤汁，吃起来才会味感饱满，挂口浓郁。

怎样检验虾是不是爆得到位呢？许多人是用秒来计数，有的说“必须是7秒”，不能多也不能少……其实厨师根本是不按时间来计数的，他主要是用眼睛来看，用漏勺去掂，因为油量有多有少，油温有高有低，虾量也有多有少，按照一成不变的所谓“标准时间”来计量，是不是有点“刻舟求剑”了？厨师看虾是不是爆好了的一个业内标准，叫做“头壳爆开、尾脚须张”。就是虾头明显地爆开了，而虾尾巴也会像扇面似地打开。

油爆虾的神秘卤汁

与“油爆”的武文截然相反的，是卤汁的熬制。如果说油爆是“刚”，那么卤汁的熬制就是“柔”。这道菜的秘密就在于极致的刚与极致的柔相得益彰。

油爆虾卤汁的配料，其实就是酱油、糖、葱、姜、麻油而已，许多不明就里的人，往往喜欢画蛇添足地加进什么蜂蜜、冰糖、甜面酱甚至花生酱、芝麻酱、海鲜酱，其实“纯粹”往往也是一种美，这道菜的味道就是朴实中见功力。

这种平凡的功夫就是“熬”。将葱结、姜片、酱油、白糖和适量的水（预计将要熬耗掉的）放在锅里，大火烧开，然后改成小火，慢慢地熬。起初的时候，这一步看上去几乎是

关于油温，业内有“七成起烟八成浪，九成平静十成火”的说法。也就是说，油温七成热时，开始生烟了（指清油，含杂质的油会在五六成热时就生烟），而油温到八成时，油烟明显小了，但油面会有轻微的波纹，等到油面复归平静，无烟也无波纹时，这就是九成热了，马上就会烧起来。而十成热的油实际上指锅里已经燃起大火了。

同样是高温的油锅，“油炸”一般是七到八成之间，“油爆”一般是八到九成之间，“火燎”一般得到九到十成之间。

■ 爆到“头壳爆开，尾脚须张”才恰到好处

■ 把卤汁收进去

白废劲，完全看不到什么效果，但你千万不要放弃，熬卤汁耗的就是你的“工夫”。

慢慢地你会闻到味道开始复合起来了，汤汁开始变得稍许浓稠起来，这时候可以下麻油了（也有一开始就放下去的，但麻油熬久了会走味，风味稍逊），麻油下去以后，你得不停地用手勺在锅里搅动，因为汤汁粘稠起来后最怕熬得不均匀。

本帮酱香的复合味往往就像做这些调味品的“思想工作”一样，这是需要慢工出细活的。如果你等不及，开了个大火将汤汁快速收紧，那么味道就完全不是那回事了。

当然，这些调味料自然会有一个最佳比例的，但这是各家餐馆的商业秘密，就算知道了也不能告诉你。不过可以告诉大家的，是调配它们的原则。

油爆虾的味道是一种经典的本帮酱香味，它的总体要求是“甜上口，咸收口”，酱油和糖是其中最基本的味道底子，它们的原则先定下来，这就不会偏得太远了。

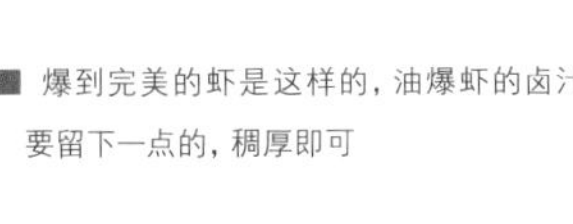

■ 爆到完美的虾是这样的，油爆虾的卤汁要留下一点的，稠厚即可

光有酱油和糖还是不够的，这种味道缺乏层次，所以需要对这种味道进行一种“修饰”，行话称之为“矫味”。它指的是在底味的基础上，加以辅助性的“调香”。而中式烹饪最基础的“调香”手法，就是葱和姜。没有葱和姜，味道是没有“包装”的，但有了葱和姜，味道才更加饱满，才会有一种中国式的“厚重”感，中国各大菜系的名菜无不如此。

葱和姜的用法是中国人的一大重要发现，同是用于“矫味”，葱味飘而姜味沉，所以葱姜的用法要看你需要为这道菜赋予一种什么样的感觉，拿油爆虾这道菜的卤汁来说，显然姜香要重过葱香，才会有一种“老到”、“炼达”的老上海味感。

有了这几味料，再加上你熬制得法，你就不会离“正宗老上海味道”差得太远。但这里还得要再提一下麻油。

麻油不是必须要放的，它属于画龙点睛的那一笔，用得恰到好处时，是神来一笔，而用得不当，则会有“败笔”之嫌。这其中的关键在于麻油的味道不能“出头”，所谓“出头”就是味道会有一个阈值，过了这个阈值，人就会直接尝出来，而不过这个阈值，人们只会觉得它很美妙，但到底是什么，说不清。这种感觉在油爆虾的卤汁里就对了，要的就是那种若有若无的美妙香味。同理的还有生煸草头里那一口酒香、四喜烤麸里那一口八角桂皮香等，都要介乎于若有若无之间。

接下来没什么可说的了，记住“热料撞热卤”就可以了。将爆好的虾放在锅里，下熬好的卤汁，用大火将卤汁完全收紧，直至“盘不流芡”，也就是盘里的汤汁呈凝胶状，完全不能流动。这就可以起锅了。

“海派”的八宝鸭

上好的八宝鸭外观为“和尚头”，色泽红亮饱满，卤汁浓稠厚滑。鸭体不饱满是八宝料没塞紧，鸭皮色泽发白是鸭体凉了以后再抹的酱油，卤汁不稠厚是浇汁前回锅时勾芡功夫不过关。

八宝鸭的口感应该是“酥烂”，常见的问题是“扒烂”，这是蒸过头的标志。检验的方法是鸭体完整饱满，但能用筷子或调羹轻松地划开鸭肉。

八宝鸭上桌后应香气四溢，打开鸭腹以后，八宝料与鸭肉的香气互为益彰，入口后的味感应以鸭香为主，八宝料为辅，柔腻为一。常见问题是鸭香不足，这是鸭体没裹紧，干蒸变成了清蒸的缘故。

从八宝鸡到八宝鸭的这一演化过程，从一个侧面说明了本帮菜的一种思维模式，那就是海派文化的“以我为主，兼收并蓄”。不弄懂这一点，后世的本帮菜传人拿什么去创新呢？

除了虾籽大乌参以外，本帮菜中“大菜”就要数到八宝鸭了。

从菜肴设计这个角度来看，如今名气不小的上海八宝鸭其实并非上海人原创，它最早是“偷”了别人的创意，不过在赢家通吃的上海滩上，很少有人记住它的原创是怎么回事了，今天重提这段陈年旧事当然不是为了“平反”，而是希望让各位看官从这一过程中看到本帮菜的海派文化背景罢了。

荣顺馆里的“VIP客户”

20世纪30年代的时候，本帮餐馆荣顺馆已经在上海滩名声赫赫了，淞沪抗战以前，荣顺馆甚至在河南路上开了一家新的分店。但很快日本侵略者打进上海了，人心惶惶的世道，生意自然就不好做了，于是老板不得不重新把生意缩回老城厢的那家老店里。

等到抗战胜利后，迎来“光复”的上海，自然百业兴旺，餐饮业作为商界的风向标自然也春风满面，无论老店家还是新餐馆，生意都做得红红火火。

当时上海各家本帮菜馆都有一批相当于今天的VIP客户，他们往往不是官二代，就是富二代，这类被称为“小开”的人，往往经常泡在餐馆里，当时上海餐饮业的竞争和发展，很大程度上是由这样的一群人有意无意地推动起来的。

荣顺馆里也有一位姓万的“VIP大客户”，他告诉荣顺馆掌柜的，四马路（今福州路）的“大鸿运酒楼”有一款叫做“八宝鸡”的苏州菜特别好吃，建议他们也经营此菜。

■ 八宝鸭的"八宝"

偷师大鸿运楼

大鸿运酒楼的这块地方就是如今仅存的那家"老正兴"所在的地方，1931年，原来在这里经营的一枝春西菜社倒闭了，于是看好苏锡菜市场前景的新老板朱阿福接盘来干，这种潮起潮落的事在当年的老上海几乎是司空见惯的。

荣顺馆听到这样的建议以后当然是不敢大意的，因为像这样的"小开"老顾客几乎就是他们最重要的衣食父母，于是他们从大鸿运楼买来一只八宝鸡，依样仿制。

偷师学艺尽管是当时上海餐饮界的一个惯例，但荣顺馆仿制大鸿运楼的八宝鸡这件事，总是会被业内人士诟病，多少有点"羞答答的玫瑰，静悄悄地开"的感觉。于是荣顺馆的厨师们开始琢磨着怎样给

大鸿运楼当时经营的苏州风味菜肴达130多种，在当时的上海餐饮市场上，这家新面孔最受欢迎的菜肴，其实是松鼠鳜鱼、腐乳汁肉、镜箱豆腐这样的一些苏州名菜。八宝鸡和八宝鸭也卖，但远远不算其主打品种。那会儿这两种菜式的做法很"古典"，一般是做成葫芦状的脱骨八宝鸡或脱骨八宝鸭，这是苏州菜的一种特色，相对而言八宝鸡卖得更多一些，这是因为鸭毛比鸡毛更难清理，厨房里忙不过来的时候，当然更愿意做八宝鸡。

■ 八宝鸭的制作

八宝鸡换个“行头”，这样就可以“大方”多了。

大鸿运楼的八宝鸡或八宝鸭的传统做法有一个技术难关，叫做“整禽脱骨”，以鸡为例，就是从鸡脖子下方的鸡脯部位开一道两寸长的口子，然后以大拇指代刀伸进去，用指甲分开鸡皮和鸡肉，遇到骨节和筋肉相连处用小刀割断，这样最后整个地使鸡的骨架从内部被剥离下来，然后从那个小口中拉出鸡骨架来，这就叫“整禽脱骨”。

“整禽脱骨”这种技法的难处在于，厨师必须十分熟悉禽类动物的解剖结构，而且手法必须老到熟练，否则费时费力还脱不了骨，这不是一般的厨房学徒干得了的活。这就带来一个难处，那就是这道菜太费人工了。而且这种看上去像只葫芦的精巧做法还有一个潜在的问题：没了骨头，鸡就软下来了，八宝料如果塞不紧，那成菜又会“破相”，这也是厨房管理的一大麻烦。

总而言之，苏州餐馆里不可动摇的这种经典技法，在本帮餐馆里却是相当不实用的，甚至是多此一举的。

第一次技术革命

能不能不脱骨就做好这道菜呢？

当然是可以的，谁也没有规定八宝鸡或八宝鸭必须要脱骨后才能塞进八宝料，让苏州人去笑话吧，上海人是不会这么“戆大”地守着这种老古板的。

但问题是，一般常见的开膛方法是从鸡的肚子那里剖开取出内脏，鸡肚子那里可是没有骨头支撑着的，这样八宝料塞进去以后，一蒸就会漏出来，用竹针缝上口子也不行，你不能带着那根竹针上菜吧，你一抽掉竹针，八宝料又漏出来了。

擅于变通的厨师们很快联想到了鲫鱼塞肉，这道菜本来是无锡人带到上海的太湖船菜，传统的做法是从鱼肚子那里开刀取出内脏，然后塞进肉末，但这样下锅一烧，鱼肚子里塞的肉末就会露出来。后来上海人改进了这一工艺，从鲫鱼的背部下刀部开刀取出内脏，因为鱼背那里有主骨撑着，再说鱼背那里的肉也更厚实，这样塞进肉末以后，怎么烧都不会漏出肉末来。

如法炮制，从鸡的脊背部位开刀，虽然下刀要崭断鸡的脊骨，但塞进八宝料后，再将刀口向下，肚子掉上，这样下面的刀口有骨头撑着不会涨开，而上面光滑的肚子就好看多了。

第二次技术革命

这道菜的第二次技术革命，在于用鸭取代了鸡。

虽然八宝鸭大鸿运楼也做，但那会儿因为这道菜并非主打，人家苏州厨师在这上面花的心思当然就不多，他们的主要精力在于对付松鼠鳜鱼这样的热销菜式去了（当然，松鼠鳜鱼的茄汁卤也在上海得到了改良，那就是在番茄酱中加入山楂片，这样酸味就更柔和了，这是题外话）。

但对于当时的荣顺馆来说，用鸭来代鸡却有着完全不一样的意义。

其一，业内行话曰：鸡鲜而鸭香。作为主料，食材的味道一定要个性鲜明，从这一点上来看，百搭的鸡显然不如味性更“独”的鸭。

其二，鸭的体型一般大于鸡，这样就可以在鸭腹中塞进更多的八宝料，而这些八宝料的味道会更好地来给鸭香“帮个忙”。

其三，大鸿运楼的八宝鸭做得不多，但荣顺馆却可以主打八宝鸭，这下名正言顺了。

■ 李伯荣大师

荣顺馆的继续革命

八宝鸭在荣顺馆定型以后，并不是到此为止了，上海厨师会习惯性地对其中的每一步细节再进行推敲，这也是八宝鸭最终成为本帮经典的原因之一。

鸡要吃母的，鸭要吃公的，这是取料上的小讲究；

做鸭汤的鸭子要老鸭，而干蒸的鸭子要取童子鸭；

焯水一般为“冷荤热蔬”（荤料要温水时下水锅，开大火才能去净血沫，而蔬菜则要开水时下锅氽烫），但这里例外，鸭子要开水下锅，因为辅料多多，会盖住鸭子残留的异味，而过度焯水会“连孩子带洗脚水一块倒掉”；

酱油须趁热抹上，这样才能均匀“挂红”；

蒸鸭时渗出的汁水要回锅加味打芡收稠，这样才浓厚绵滑。

……

如今本帮菜的“粉丝”们早就是“只知上海八宝鸡，不知苏州八宝鸭”了。这当然是美食历史的遗憾，但反过来看，本帮菜的先贤们也的确在这道菜的工艺上下足了工夫。

熏鱼的“秘密”

上好的本帮熏鱼色泽为栗色偏红（也有浸过再炸呈黑色的），鱼块有明显的“外脆里嫩”的口感，卤汁应全部吸收到鱼块中去。味感也是“甜上口，咸收口”，微带五香感，且有较为持久的“挂口”感。

常见问题是熏鱼用草鱼块来制作，外观与青鱼制作的几乎没有任何区别，但口感明显鱼体弹性较差，易出现片层状碎裂。而青鱼鱼块则鱼肉弹性较佳，一般不会呈片层状碎裂

熏鱼的品质高下主要在于其卤汁，上好的熏鱼卤汁不仅“挂口”持久，且有明显的“回甘生津”感。香料太冲、甜味过头者都是下品。

上海的熏鱼最早很可能是需要经过烟熏的。这可以从老大房至今仍在生产"熏蛋"中看出端倪来，因为不管熏鱼还是熏蛋，都是要用到熏笼的。

"熏鱼"是本帮菜诸多青鱼菜式中名气最响的一道，但这道菜不是由本帮菜馆首先研制出来的，它是由一家叫做"真老大房"的苏式茶食店里研制出来的。

说起来"老大房"也有一本类似于"老正兴"的复杂历史，上海滩上也曾出现过40多家来路不正的"老大房"，以至于最老的那一家老大房不得不像"同治老正兴"那样在店招上做文章，最终改成了"真老大房"。

"真老大房"的创始人是嘉定人陈奎甫，这是一个像张焕英、金阿毛那样的小手艺人，不同的是他是做茶食糕点的。清末光绪年间时，以苏、扬、京、粤四地的茶食最为著名，而这其中又以苏式茶食（仅指苏州）技法最为细腻。光绪25年，陈奎甫从苏州高薪聘来茶点制作大师，并亲自培养徒弟，制作了鲜肉月饼、酥糖、肉饺、手工梳打饼干等传统茶食，正像苏州的蜜汁豆腐干出自茶食店一样，本身就是做茶食的陈奎甫也在风味小吃上做足了文章，他推出的新品便是当时名燥一时的熏鱼、熏蛋。

老大房的熏鱼是那个年代上海滩餐饮界的一大杰作。这种源自于苏式爆鱼的做法经过老大房的精细推敲之后，无论在口感还是味型上都远远超过了苏式爆鱼的原作，其甜中带咸、浓香馥郁的味道使得它当时被称为"异香熏鱼"。而随着这种异香的飘动，热闹的南京东路上每天排队等着买熏鱼的食客也成了老大房一景。

但遗憾的是，这种独特的风味如今已经不复存在了。2002年，上海开了家叫做"海上阿叔"的店子，老板李忠衡自称"海上阿叔"，据说是李鸿章的后裔，自小出身在富贵环境的他对于老上海风味当然独有心得，而这家餐馆的熏鱼据说是阿叔的姆妈，当年用一两黄金请来老大房的熏鱼名师来府邸传授独门秘招。这个"一两黄金买配方"的故事显然带动了这家餐饮的生意，当年的"海上阿叔"也随之成了上海餐饮界的一个奇迹。

今天的我们很难考证这些“故事”的真伪（“阿叔”李忠衡已于2004年去世），也许“一两黄金买配方”确有其事；但也有可能是李忠衡自己研究出了一个熏鱼配方，然后编了一个故事。但这些可能都不重要，重要的是老大房的熏鱼味道，到底藏着一个什么样的秘密。

首先，熏鱼和爆鱼其实很可能并不是一回事。

中国财政经济出版社1992年版的《中国名菜谱》，可能是我们现在能见到的，最“靠谱”的一套严肃理论书籍。这套荟萃了全国各地传统经典菜的菜谱，是出版社邀请当时全国各地的饮食服务公司为具体组织者，发掘整理了各地名厨的烹饪技艺汇编而成。这套书曾于1979年以《中国菜谱》名义出版过，1992年进行增补后再次出版的《中国名菜谱（上海卷）》中，关于熏鱼有这么一段话：

“爆鱼，也可称熏鱼，但制作过程比熏鱼少二道工序，即鱼块经过油炸酥后，不用卤汁浸，不入熏笼烟熏，而是……”

由此可见，上海的熏鱼最早很可能是需要经过烟熏的。这可以从老大房至今仍在生产“熏蛋”中看出端倪来，因为不管熏鱼还是熏蛋，都是要用到熏笼的。

后世的人们改掉烟熏工艺，很可能是出于卫生和健康的考虑（烟熏物中很可能有炭化的物质），而只用油炸也基本上可以保证风味不减。但前提是必须要解决鱼块的入味问题。

其次，先腌渍再油炸还是先油炸再浸卤是不一样的。

市面上相对比较好的熏鱼做法，一般是先用各种调料熬成的卤汁腌渍鱼块，然后再进油锅里油炸，炸好后再进热卤去吸味（也有不进卤直接装盘的）；而常见的做法是将鱼块洗净后用盐码一下味，直接油炸，炸好后再浸入卤中入味。

这两者有什么样的区别呢？

先腌再炸再复浸，这种工艺显然要更入味一些，但缺点也是明显的，那就是鱼块腌渍过以后，这锅油基本上用不了几回就得换了；而炸好后再入卤的做法恰好相反，虽然入味不够好，但是油是可以用很多回仍然还是比较清的。

■ 切好、沥干的青鱼块

■ 爆炸青鱼块

再次，调味料显然不是酱油加葱、姜、糖、八角、桂皮这么简单。

市面上最常见的做法往往是学了老大房的皮毛，这种想当然的做法是缺乏菜肴调味的理论依据的。简而言之，不是放了八角、桂皮就可以包打天下的。

要想形成美妙复合味的那种浓郁的“挂口感”，必须在头香、基香、尾香上下功夫，还要在基本味的基础上再对它进行各种合理的润色和辅佐。也就是说，任何一种美妙的复合味，都要讲“君臣佐使”，都要讲“中庸之道”。

最后，接近完美的熏鱼卤。

笔者曾有幸尝过本帮菜大师田家明做的熏鱼，这是到目前为止，唯一让我感到口服心服的一种技法，其味细腻饱满、回味悠长，具有典型的老上海风格。现将这种卤汁的的做法解析如下：

用料：绍酒、老抽、冰糖、麦芽糖、椴花蜂蜜、精盐、味精、胡椒粉、八角、桂皮、小茴香、橘皮、葱姜汁、水。

■ 炸好的青鱼块正准备浸卤，卤汁就是大兑汁

步骤：

将鱼块用葱姜汁、绍酒、少许盐腌渍20分钟；
八成油锅下鱼块，炸至稍硬出锅；
与此同时，将上述调味料（香料装袋）用小火熬至卤汁稍稠；
将炸好的鱼块放入热卤汁中浸泡片刻捞起装盘。

相关链接

顺便说一句：味道的感知是谁都具备的能力，但味道的把握能力，是分为由浅入深的三个层面的，第一层面是“味道的辨别能力”，这是美食研究的基本功；第二层面是“味道的想像能力”，这是理解各种基本味的味性后对复合味的预知感觉；第三层次是“味道的推断能力”，就是用各种合乎味道逻辑的理论来推断出一种味型应该从何处下手去研究，这是菜肴设计的最高境界。

第一层面可以靠练，第二层面必须靠悟，第三层面就不好说了，天才也需要勤奋的。所以古人才会说，知音难，知味更难！

■ 糖醋小排也要用大兑汁保证风味不变

■ 浸好卤汁的熏鱼

酱油	这是基础味，以调色为主，咸味不够时以盐来定准
糖分	冰糖和麦芽糖起粘，但都不够甜，用蜜蜂来定准，这样甜得有层次了
绍酒、胡椒粉和葱姜汁	增香的基础味，但味性不够浓烈，不会“出头”，属于夯实基础
八角、桂皮	香料中的“大料”，这是五香味型的“君”，主要呈味靠它们
橘皮	香料中的“诤臣”，带微酸的苦香，不宜多，有了苦味，才会反衬出“甘”
小茴香	香料中的“龙套”，五香味道的中间层次，只用大料味太薄，用小茴香增加味道的层次

当然，配方中最核心的是各味调味料的具体比例，但这也是行规最忌讳提及的。而能告知配料的构成，已经相当相当地给面子了，这就是真实的厨艺江湖。就这一页纸，也是笔者用十个绝招才“换来”的。

我不知道当年老大房的配方到底是什么，但如果从菜理上来看，这可能是比较接近完美的一份熏鱼卤的配方了。

附录："乌青"与"草青"

既然青鱼在上海如此受欢迎，那么问题就来了：

上海的鱼贩们往往先把草鱼和青鱼都含混地统统叫做青鱼，细微之处在于草鱼叫"草青"，而青鱼叫"乌青"或"螺蛳青"。如果你去鱼贩子那里要买青鱼，鱼贩们往往会很热情地先拿条草鱼来糊弄你，如果你是个精明的"吃货"，你会指出来，我要的是青鱼，怎么拿条草鱼来糊弄人呢？这时候小贩会笑嘻嘻地回道，你没说清楚是哪种青鱼啊，这是草青，你要的是乌青。

其实青鱼是青鱼、草鱼是草鱼，青鱼是肉食性的，草鱼是草食性的，青鱼"长个子"的能力要远比草鱼慢得多，再说青鱼肉质肥腴、几无异味，而草鱼肉质松厚、草腥气较重，所以青鱼贵而草鱼便宜。但这两种鱼长得跟兄弟似的，不是个明白人还真能被糊弄过去。

所以，在谈本帮菜的青鱼文章之余，得特别地说一说如何辨别"草青"、"乌青"。

生物学是按"界、门、纲、目、科、属、种"来进行科学分类的，青鱼和草鱼都是动物界、脊椎动物门、鱼纲、鲤形目鲤科、雅罗鱼亚科，但接下来的"属"两者就有区别了，青鱼是青鱼属，草鱼是草鱼属，这就别往下再看具体的"种"了，那就差得太远了。

青鱼肉厚多脂，肉质细嫩，味道腴美，所以既可以作为主料单独成菜，也可以作为配料使用。既可以整用，也可以加工成块、段、片、丝、丁、粒、茸等制成片、丝、线、丁、丸、饼等形状，可做冷盘、热炒、大菜、汤羹和火锅，适

用各种烹调手法和味型。

而草鱼加工时就有一定的缺陷了，首先它有草腥气，要先行腌渍去味，常见的手法为用葱、姜、黄酒腌渍，也有将它浸泡在弱酸性的柠檬汁里漂去体液和血液的；其次，草鱼的肉质较青鱼要松软，加工成块、段固然没问题，但切成片就要注意了，它得顺着鱼肉的纹路切，否则很容易碎掉（而青鱼则方便得多），草鱼一般不能处理成更细的丝、丁、粒、茸。

青鱼与草鱼的形状是非常相似的，从体形上来看，差异不是很大。但两者的颜色却很容易看出区别来：

青鱼背部及体侧上半部呈青黑色，腹部灰白色。

草鱼背部及体侧是青灰中略带草绿，整体呈茶黄色。

这么简单地说吧：你就直接看鱼鳞好了，青鱼的鱼鳞是绝不会呈茶黄色的，而草鱼的鱼鳞则一定是茶黄色的。如果看到一条不知道是“乌青”还是“草青”的鱼，你就看这一点，然后就可以很“老巨”地告诉鱼贩子“青鱼就是乌青、草鱼哪能冒充乌青呢？”

顺便说一句大实话：如今的大青鱼实在是跟不上“吃货”们旺盛的“市场需求”，上海市面上很多原本必须用青鱼来做的菜，实际上都已经不知不觉中改用草鱼来做了。比如熏鱼、秃肺、汤卷、糟煎等等。你要是较起真来，大概又会遇到本文开篇时的“装糊涂”的说辞：“草青……乌青……”

"奢侈"到"简单"的秃蟹黄油

上品的炒蟹黄油蟹黄金红，蟹膏玉白，两色相间，尤似积玉堆金。蟹黄酥腴而干香，蟹膏（也称蟹油）柔糯而甘肥。这是一种口感上极致的细腻和味感上浓郁的蟹香。

主料只有蟹黄蟹膏而不添加蟹粉者，才可称为"秃蟹黄油"。少许添加亦可，但如果蟹粉太多，那就只能叫"炒蟹粉"了，两者全然不在一个档次上。

炒蟹黄油常见的问题：一是口感不细腻，蟹黄糙而蟹膏腻。这是没炒的时候匀功不到位没有充分炒匀所致。二是明油太多，不是烧的时间没到位，就是勾芡的功夫差了，这才会出现吐油的现象。

老上海的饮食审美观一直是以“美味且实惠、好看又好吃”而著称的。但“炒蟹黄油”绝对是个例外，因为它实在是不实惠，在本帮餐馆里，这是唯一论“两”来卖的菜式，再说这道菜的成菜相对于各种红烧菜式来，也不那么好看。

喜欢大闸蟹 不需要理由

上海人对大闸蟹的狂热追捧，可能远在苏州人之上，尽管上海并非大闸蟹的主产地。

大闸蟹的精细吃法，其实要数淮扬菜发掘得比较早，但即使是极擅精工细作的淮扬派，也没有上海人的那种对大闸蟹的疯狂热情。

从远远没到成熟的“六月黄”开始，上海人就开始琢磨着一年一度的螃蟹盛宴了，他们的吃法从相对较为家常的“油酱毛蟹”、“毛蟹年糕”，到较为精细的“菊花蟹斗”、“蟹粉排鸡腰”，一直到上海市井文化原本比较反对的一种吃法“炒蟹黄油”。

但喜欢大闸蟹是不需要理由的，就像“炒蟹黄油”虽然贵得比较离谱，但上海人谁也不会说它“洋盘”一样。

“炒蟹黄油”是个大号，上海人喜欢称这道菜为“秃蟹黄油”，也许只有这一个“秃”字，才能透出一丝上海的精明气息来。

一个很能说明问题的民俗是“毛脚女婿”，上海的新女婿第一次上女方门的时候，是一定要带上一串大闸蟹的，这是一份虽然不太起眼，但却情深意长的礼物。问题是不管你是不是“高富帅”，没了这串大闸蟹，再好的亲事，多半也得泡汤。

“蟹黄油”到底是什么呢？

说白了，那就是雌蟹的蟹黄和雄蟹的蟹膏，也就是雌蟹的卵巢和雄蟹的精白团。那是大闸蟹身上最好吃也是最贵重的精华。

没有原则的“原则”

秃蟹黄油这道菜由“源记老正兴”首创。

民国年间的上海，已经成为中国最繁华的大型都市，工商业、文化业、物流业、金融业都已经发展到一个相当可观的规模了。这一时期每年的秋冬时节，吃蟹已经成为上海的一种时尚。当时常见的吃法是江南文人们崇尚的“清蒸大闸蟹”，据说只有懂得这种“把酒持螯、自剥自食”的吃法的，才算是真正懂得蟹味之人。

但这话到了上海就不灵了，那些银行、钱庄的大老板们虽然极爱吃蟹，但根本没有空闲时间去剥蟹，吃蟹。于是这就催生了一种新的做法“炒蟹粉”（还有“芙蓉蟹”）。

“炒蟹粉”其实就是将大闸蟹的肉全都剥出来，然后再清炒。这是一个费工的活，剥蟹的工钱差不多要相当于蟹价的三分之一。但是，这种文人眼里有点“粗鄙”的吃法，在上海却大受欢迎，在食客看来“好吃就是

硬道理”，在店家看来“好卖也是硬道理”。

赚得盆满钵满的“源记老正兴”当然会深受鼓舞，于是，他们试探着推出了一种极致的吃法，那就是——“秃蟹黄油”。

以价廉物美起家的源记老正兴本来一直打的是“亲民牌”，但这次他们却一反常态地把蟹黄和蟹膏这两种螃蟹身上最贵的精华合在一起，而且还不掺杂任何别的配料，这才称为“秃蟹黄油”。

“秃蟹黄油“以一种另类的方式，很快打开了一块全新的市场空间，这种“奢侈到简单”的菜式，在当时的上海大受追捧，而同一历史时期诞生的“虾籽大乌参也从另一个侧面证明了本帮菜的体系已经走向立体化，“精致版的家常菜”从这个时期开始已经难以全面概括本帮菜的风格了。你可以认为这是一种没有“原则”的投机行为，但当时的上海“生意经”说白了就是一切以市场需求为主，在大客户的需求面前，“原则”是可以修改的，或者根本不重要，这也是一种“原则”。

“奢侈到简单”与“简单到奢侈”

“秃蟹黄油”之所以能迅速走红上海，当然不只是靠一个“金点子”就可以的。它的烹饪工艺也的确有许多可圈可点之处。

蟹黄油虽然都是螃蟹身上最贵的精华，但它也有它的毛病，那就是太娇贵，经不得太多的烹饪手法的“烤验”，这就得万分小心。

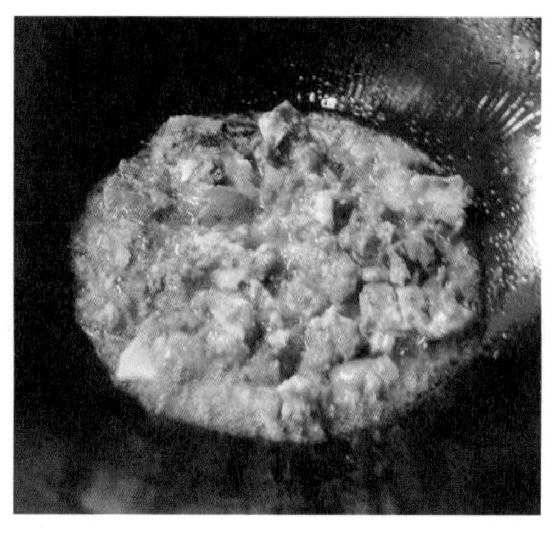

蟹黄的脂状团块相对是比较"皮实"一些的，它需要一定的温度就可以逼出其中红亮的蟹油来，失去部分水分的蟹黄团会更为紧实干香，但做到这一步却并不简单，因为含脂肪量较高，它也很容易焦糊掉，一方面要逼干一些水分，另一方面又不能炒焦，这就两头为难了。

比蟹黄更娇的是蟹膏，这是一团细腻如脂、滑腴如粉的"小可爱"，蟹膏也需要失去一点水分才会更为滑腻可口，但这种"粉腻感"更不好伺候，火小了它不理你，水分排不出来，但火稍大一丁点，它就焦糊掉了，外表面发黄还算是你手快的，手慢一点的直接就发灰黑了。

所以控制火候在这道菜里差不多成了"钢丝上的舞蹈"，你得用"一腔温柔的情怀"去炒它。

炝锅滑油这就不必再说了，接下去放猪油，煸香葱段。接下来蟹黄蟹膏下去你就得小心了。先轻轻地用手勺摊平它，上火煎匀。因为刚上火，这时候可以放松一点，它们不会那么快地枯掉。

再接下来是晃锅，这可不是为了表演上镜头，是为了不让它们粘底，同时又得让它们再受点热。够了，不能再炒了，再炒就麻烦了，它们只经得起这么几下晃荡。

这时候得烹黄酒下去了，黄酒会迅速地渗入底部，给快要焦枯的底部一点液体，算是暂时的"安慰"，酒会挥发，这时候酒香也会逼入蟹黄和蟹膏中，这是对的，只是一定要记住此时加上一个小盖焖它一下，盖子太大了，酒气就散了，小空间才会更有效地把酒逼进去，去腥增香。这一步也不能时间太长，估计着黄酒快耗完了，就得开盖子下汤水了。

炒蟹黄油里的汤水自然不是白开水，得放姜末、酱油、白糖和肉清汤。汤水的份量是关键，放多了就成"蟹黄油糊糊"了，而放少了不会"入味"，这又是一个难以言说的细节。

■ 拆好并分好美的蟹黄

这可不是红烧肉，娇嫩的蟹黄油在汤水里焖个两三分钟就差不多入味烧透了。接下来最难的考验到了，你得上大火去淋芡收汁，这一步叫“着腻”。

淋芡是一个细功夫，左手要晃锅，右手要一条线似的吊着湿淀粉入锅，同时还要看着火，这里的关键在于千万不要使卤汁板结成粉块，要让汁水柔腻地稠厚起来，但又不能破坏中间摊成饼状的蟹黄蟹膏，这个动作是需要反复练的。

这一步做完就没什么了，加少许米醋（这叫响醋）淋上少许熟猪油增亮，再洒上葱花和胡椒粉就可以出锅装盘了。

从食客的角度来看，这是一道“奢侈到简单”的菜，但从工艺过程上来看，也许正好相反，这是一道“简单到奢侈”的菜。这种矛盾也许就是本帮菜的一种独有的味道。

附录：细说“大闸蟹”

所谓“大闸蟹”其实原本并不是一个词，它最准确的理解应该分解成“大个的”、用“闸”这种方式捕捞出来的、长江水系的中华绒螯蟹这么三层意思。

大闸蟹是河蟹的一种，学名叫做中华绒螯蟹，在我国北起辽河、南至珠江的漫长的海岸线上广泛分布，其中以长江水系产量最大，口感最美，一般来说，大闸蟹特指长江系的中华绒螯蟹。

过去大闸蟹在长江口近海产苗，长成幼蟹后，逆长江洄游，生长在长江下游一带的湖河港汊中。大闸蟹是两年生。每年11月，大闸蟹洄游到长江口交配产卵，上海崇明岛的东北滩湿地便是它们的婚床。

农历芒种前后，蟹卵在长江口近海水域长成蟹苗，也就是所谓的“大眼幼体”后，被捕捞起来放养到长江口的崇明、横沙、长兴三岛的蟹塘里。因为那里的水土略咸，特别适合蟹苗生长。蟹苗越冬长到第二年正月，有西装钮扣那么大，被称为“扣蟹”。扣蟹被养殖户买去，放养到各地湖泊中，中秋以后，陆续成熟上市。

每年秋风一起，懵懵懂懂的大闸蟹们仿佛一夜之间开了窍，照例是“女孩”们率先发育，其后不久“男孩”们走向成熟，用螃蟹老饕们的话来说这叫做“九月团脐十月尖”。走过“青春期”螃蟹们，这时候便不再那么安份了，于是它们便按成熟先后，开始向大海洄游。如果让它们自由来去，那么它们会汇聚到长江出海口（也就是崇明岛那儿），然后雄蟹们会按照大自然千古不变的法则，通过“决斗”这种最公平也是最原始的方式来获得配偶。而

“美女”们则是永远的“决斗场啦啦队”，她们也只愿意嫁给最终的“英雄”。

不过如今的绝大多数的螃蟹们可能是等不到那一幕发生的。因为在它们开始“燥动”的时候，螃蟹捕捞的黄金季节也就到了。

按照捕捞方式的不同，上市的螃蟹可分为“闸蟹”、“网蟹”、“钓蟹”与“摸蟹”等几种分类。螃蟹具有抢食和好斗的天性，所以如果用网来捕，它们往往会在挣扎和相互争斗之时，折断部分螯钳或者蟹脚，品相就不那么好了，而用“钓”和“摸”这两种捕捞方式，虽然极富江南水乡的田园诗意，但毕竟生产效率太过低下。于是“闸”这种捕捞方式便是最为合理的了。

所谓“闸”，在江南乡下被称为“簖”。这是一种薄竹片制成的篱笆，下端插入水底，上部露出水面。因为螃蟹习性为昼伏夜行，所以白天只管用竹簖围起一片水域来，然后像布迷魂阵般地把竹簖排成一条条巷道。螃蟹这会儿警惕性高着呢，没几只愿意冒险来出 “风头”。

到了晚上，你只管撑一只小船闯进迷魂阵里就是，因为竹子有弹性，船只经过簖围时，簖围会弯曲，船过以后，它又挺直了“坚守岗位”了。你可以先在迷魂阵的入口处顺好了小船，然后斜着向水中铺下一片竹簖，一端放到水底，一端搁在船头。接下来，你只要在船头上点上一盏马灯，就可以等着数螃蟹了。

螃蟹是喜光的，一见到黑暗中的灯光，它们便会争先恐后地顺着“竹巷道”、沿着“竹码头”爬上来。船头这一位只管去抓，身后这一位只管去扎。不合规格的蟹，可以放到单独的木桶里，最后一起罚它们回湖里去“补课”。

“上了当”且“上了绑”的螃蟹们这会儿总算是明白了过来了，但它们只能气得不停地口吐白沫，谁也听不懂它们这会儿骂些什么。

“巴心巴肝”的青鱼秃肺

上好的青鱼秃肺应该色泽金黄，不散不碎，入口油润细滑，嫩如猪脑，无筋无渣、味感咸中微甜、鲜香浓郁。

常见问题之一，鱼肝块形不整，带有腥气，入口稍有渣感，这是鱼肝不够新鲜，或火候过头所致。

常见问题之二，卤汁未能包紧形成糊芡，太稀则成流芡、太干则成包芡，一般勾芡工夫不到位的，入味一定不够好。这是上灶经验不足所致。

上好的青鱼秃肺应该色泽金黄，不散不碎，入口油润细滑，嫩如猪脑，无筋无渣、味感咸中微甜、鲜香浓郁。不过要把一道青鱼秃肺做到这样的境界，那就不是讲讲故事这么简单了。

知道红烧肉、腌笃鲜这些家常的“阿婆弄堂菜”的人多得很；知道油爆虾、扣三丝、八宝鸭这些本帮常见经典菜的人似乎也不算少；但能把一道青鱼秃肺说得头头是道的人，就不多见了。

这是因为这道菜实在是太神秘了！不要说是外地人，就算是一个地道的上海人，你也很难有机会吃到它。顺便说句大实话：如今市面上能够见到的“青鱼秃肺”其实大多数只是“草鱼秃肺”，而真正称得上神品的青鱼秃肺，相信很多老饕们也只是“听说”过而已。

这句话听起来似乎有点刺耳，但事实的确如此。其一，如今这道菜的原料还真的不好找；其二，能把这道菜做得好的师傅，如今也不多了，因为“工夫”真的“很不值钱”。

青鱼秃肺是本帮经典菜中为数不多的本地原创菜式之一。

民国初年的同治老正兴，正是生意做得红红火火的时候（那会儿它还叫“正兴馆”），他们刚刚扩建翻新了楼面，而楼上的雅座基本上就是为了大老板和“小开”们而专设的。

杨宝宝是附近“杨庆和”银楼的小老板，早年跟随父亲经营银楼的他此时已经成了上海银楼业中的佼佼者。因为地缘较近，也因为正兴馆的菜肴可口，杨宝宝自然成了这家餐饮的常客。那会儿，一种叫做“鱼肝油”的营养保健品正风靡上海，杨宝宝于是顺口提出“青鱼肝既然能制成贵重的补品药物，能否将它烹制成菜肴呢”？

顺便交代一句，在当时的上海滩，像杨宝宝这样的有钱有势的老板不仅是餐馆最重要的“金主”，而且也是极其重要的“靠山”。正兴馆的老板和厨师当然不会拿这句话当做玩笑，再说杨宝宝的建议的确有道理，每天处理

大量的青鱼，脏杂等物总不能都浪费了。

于是……一道名为"青鱼秃肺"的新菜式就这样诞生了。

"吃货"们一般讲到"指肝为肺"的笑谈这里，关于青鱼秃肺的"故事"也就到此结束了。但很少有人再往下细细推敲。

从名字上来看，上海话中的"秃肺"就是这份菜中只有主料青鱼肝而不带任何配料的意思。那么这样的青鱼肝有什么样的要求呢？

青鱼秃肺中的"肺"，其实就是青鱼的鱼肝，但当时的人们却往往将鱼肝称为"鱼肺"，这可能与其外形看上去有点像肺叶有关吧（类似这样以讹传讹的事，还有苏州木渎石家饭店的"鲃肺汤"）。

一般来说，做青鱼秃肺的青鱼肝要求外形完整，嫩而不碎，所以鱼肝不能太小，因为只有当鱼肝块头较大时，才会在嘴里抿化时产生一种豆腐脑般柔美地化开的效果。这个道理不难懂，想一想，如果豆腐脑不是完整的，而是全部搅成了碎片，你还愿意吃吗？

这样的鱼肝每块的重量应该至少是一两，最好一块鱼肝就达到三两，但这就对青鱼的个头提出更高的要求了，青鱼要是没有五斤以上是不行的。就算是七八斤重的青鱼（这已经不算太好找了），也得要取两三条这样的鱼，这样鱼肝才能够得上"秃肺"的量，要不然你加了笋片或者木耳就不算是"秃"肺了。

青鱼的鱼肝一般是和鱼胆连在一起的，所谓的"肝胆相照"指的就是

这个意思。但这就带来一个问题，那就是鱼胆可是苦的，万一不小心鱼胆破了，那就麻烦了。

所以，青鱼秃肺这道菜的洗濯是要非常用心的，一般厨师不会让打下手的人去处理，因为没上过灶的人，往往不知道下手的轻重。而有经验的师傅是这样做的：他会先将鱼肚档整段地切下来，中段的里面肯定会包着那块宝贝鱼肝。然后不用刀去破腹，因为下刀如果太深，很可能会划破鱼胆，最好是用剪刀顺着肚皮溜剪开来，然后翻出鱼肚子里的鱼肝来，用左手小心地提起鱼胆，右手顺势剪断。

万一鱼胆要是破了，胆汁一定会流出来，怎么办呢？那就必须要用刀了，要将沾上胆汁的那部分鱼肝完全切除掉，这一步要是舍不得下手，那么后面做得再好也是白费，因为苦胆的味道无论怎么冲洗和浸泡都去不掉。

青鱼秃肺的神韵在于那种独特的娇嫩柔滑的口感，它首先要求鱼肝要有足够的弹性，因为鱼肝不同于猪肝，极其娇嫩，不能丢来丢去、不能温度太高、不能放置太久……否则鱼肝就会破裂或失去弹性，业内称之为“发沙”，一旦鱼肝“沙”了，那它可就管不住成菜的形状了。

所以，青鱼秃肺最好是现杀青鱼，马上就做，这样才能保证这道菜神完气足。

讲了半天，这才是鱼肝下锅之前的准备工作，“巴心巴肝”的事才只是开了个头。

接下来，鱼肝下锅。这一步讲究的名堂就多了。

你最好先看一下此时鱼肝的质地，如果它是新鲜的，鱼肝虽嫩但弹性较好，那是最好不过，你可以直接下去煸了；如果鱼肝已经有“发沙”的迹象了，那就麻烦了，你最好先烧开一锅水，然后关火，将鱼肝小心地顺进热水中去，用热水将它烫紧一点再煸炒。但这样带来的下一个问题是，你下面的火候要分外小心了，否则它不会嫩的，既要嫩，又要入味，难度当然就会大很多。

我们还是看最完美的做法吧。

先炝一下锅，这是必须的，然后锅里下猪油少许（半两吧），烧到五成热时，下葱段煸出香味，接着将鱼肝贴着锅底滑下去（万不能没心没肺地“哗啦”一倒下去），随即晃锅，让鱼肝块在锅底平摊开来，均匀地受热，这时你就会看到新鲜鱼肝的好处了，有弹性的鱼肝自然不散不碎。底部一受热，鱼肝就相对结实一些了，这时将鱼肝轻轻地来个“大翻身”（万不能将主料扬得太高，鱼肝在这个时候被颠锅颠碎掉才叫狗血呢）。翻过来后稍煎紧实一点，就该烹入黄酒了，黄酒下去，照例用个小锅盖将鱼肝块焖在一个小小的空间里杀腥，三四秒就差不多了，然后加姜末、酱油、白糖、糖醋和肉清汤。

■ 青鱼秃肺的“秃”就是不加配料的意思

接下去的步骤看上去是这样的：大火烧开，文火焖烧入味，转中火下芡，晃锅直至卤汁包紧，淋麻油，出锅装盘，撒青蒜末。

但中华美食的名堂往往并不是看上去那么简单的，这里菜谱上不写的细节是这样的：

大火可以开，没问题，但问题在于一旦汤水沸腾了，要立马转成均匀的文火，断不可迟疑，因为滚开的汤汁很可能会把鱼肝冲散冲碎，但如果不开大火，烧制的时间就长了，鱼肝又会老，所以这个分寸的把握很重要。

文火入味的时间只在三五分钟而已，这得看鱼肝块的个头大小，块头大了时间略长，块头要是比较小，时间就不能太长。这时候锅盖是盖着的，你得用心去揣摩鱼肝块是否足够入味了，但又不能让它失水老化了，这又是一个分寸把握的问题。

用湿淀粉勾芡看上去也很简单，但一定要先看一下是否有多余的明油，如果有浮油，一定要先打掉。再就是勾芡时万不可下手勺推搅，只能晃锅，否则鱼肝也可能被搅碎。

响油鳝糊的“噱头”

上好的响油鳝糊色泽深红，成菜有均匀的“糊芡”感。有明显的焦香气息，且胡椒和青头（这里的青头一般指葱花）的头香要有“上桌彩”（也就是一上桌就香气四溢）。入口后咸中微甜，有浓郁的复合酱香。

响油鳝糊的鳝丝应外皮完整，鳝丝柔绵而入味。常见问题是鳝丝炒得很嫩，但不够入味，这是煸炒时鳝丝未能有效脱水，而烧的时候靠糊芡将味裹上，这种“外加味”就欠一口气了。

响油鳝糊的芡汁也是经常容易出问题的，常见的问题要么芡汁太干太紧紧成了“包芡”，要不就太稀太薄成了“流芡”。而“糊芡”应有一定的稠厚感，同时不能吐油。

不下厨房，不拜名师，当然是很难知道这些小噱头的，但对于一个职业的厨师来说，这些名堂就是“小儿科”了，其实不管是哪帮哪派，鳝糊炒得好，这些要点都差不多。

响油鳝糊是江南常见的一道菜，严格地说，这道菜至少不能划归本帮菜所独有，苏州菜、宁波菜、淮扬菜、徽州菜中都有这样一道菜式，虽然手筋有点差别，但总的来说，大同小异。但也许是沾了上海这个大都市的光吧，反正上海人是理直气壮地把它列入了本帮菜。

响油鳝糊的这个小表演当然算是个噱头，但在上海开埠之前，苏州人早就已经这么玩活儿了，这道响油当然不能算是上海人的原创。

不过上海的响油鳝糊倒的确是有一些小小噱头可以在苏州人、宁波人、淮安人、徽州人面前摆摆谱的。只不过这些厨艺圈里的小噱头鲜为人知罢了。

很多上海人会这样表达他们的理由：“响油鳝糊，噱头就在迭个响油上，跑菜的宁要勒开鳝糊中间厢揿只窝塘，洒好葱花胡椒，一跑到包间，就拎起只小油壶，耐滚烫格热油浇上去，个么吱啦一响，满屋飘香，迭个才算是老上海格响油鳝糊”。

响油鳝糊这道菜最早起源于何处无从可考，不过在上海最早将这道菜做出名气来的，倒不是以河湖鲜出名的老正兴，而是以糟货出名的同泰祥。同泰祥当年的招牌菜首推砂锅大鱼头，第二道名菜便是竹笋鳝糊。

从菜谱上来看，同泰祥的竹笋鳝糊的做法并无任何惊艳之处，但是厨艺这一行的一个不成文的行规是，做菜的绝招一般是不对外人讲的。这就是普通人照着菜谱不可能学成大师的原因之一。

竹笋鳝糊也罢，清炒鳝糊也罢，响油鳝糊也罢，这道菜一般的工艺流程是这样的：

将烫杀划好的黄鳝切成段，煸香葱段后，下鳝丝煸透，然后加入姜末、酱油、白糖和肉清汤，烧开后加盖焖烧入味，然后旺火收汁，勾芡、淋油、装盘。在鳝糊中揿一个坑，放入葱末、胡椒(也有再加麻油、蒜泥的)，淋上

■ 炒鳝糊与黄鳝烫杀的质地有关

热油。

照这么看来，这道菜简直平淡无趣，没什么花头可言，似乎江南每个会做这道菜的阿婆阿姨都是这么做的。但要是细细说来，这里的噱头就多了。

首先，不管是苏式的、宁式的、淮扬式的还是徽式的鳝糊，炒鳝糊里的用油就是一个小噱头。行业讲究的是“荤油炒、素油烧、麻油浇”，本帮菜里的炒鳝糊当然也是这个路数。因为猪油的烟点和燃点都比较高，所以用猪油来煸比较容易煸透，而焖烧入味时，要补一点油进去，这样乳化的油脂才会使汤汁易稠，无鳞淡水鱼（如鮰鱼、河鳗、泥鳅）一般都需要这么个补油的步骤，这时候素油的好脾气就比猪油要有用了；至于最后装盘时淋麻油，那是常识，这就不讲了。

其次，鳝丝煸炒时，所谓的“煸透”指的是鳝丝卷缩，这可不是你慢慢在锅里煸就可以做得到的，不信你试一试，鳝丝一下锅就往往出现粘锅底的现象，这样一炒以后就会有碎屑，炒出来就不清爽。

煸炒前必须要“狠狠地”炝锅，热锅冷油时，才好下鳝丝，而且鳝丝最好还是用少许明油拌过的，。因为油不算太热，但锅是滚烫的，这时晃动炒锅，鳝丝的皮会有效地受热而蜷缩起来，如果油太热了，那么鳝丝一下锅局部受热太快，就会粘底。所以清炒鳝糊是否清爽，也是一个小噱头。

■ 炒鳝糊要煸透

再次就是最后的“糊”了。不管哪帮哪派，鳝糊最大的境界差别就在这个“糊”上。不光成菜看上去要糊答答的，而且闻起来吃起来，都要带着一丝若有若无的焦香气息，这才称得上神完气足的鳝糊。要点是起锅前淋上厚厚的芡汁后，要反复将浓稠起来的一堆糊糊状的鳝丝平摊到锅底上，让它们直接接受锅底热气的炙烤，这样会有一部分糊糊炭化，并板结在锅底上，这是对的！！！千万不要怀疑自己，因为一旦厚芡糊到了锅底上，它就粘住了，不会影响成菜的质感，但焦香味却有效地出来了。

不下厨房，不拜名师，当然是很难知道这些小噱头的，但对于一个职业的厨师来说，这些名堂就是“小儿科”了，其实不管是哪帮哪派，鳝糊炒得好，这些要点都差不多。

那是不是说，响油鳝糊这道菜就没上海人什么事啦？

当然不是，上面啰啰嗦嗦说的一大堆，都是开场锣，俺下面要说的响油鳝糊里的名堂经，才是正戏！

当年同泰祥能把一道江南常见的菜式做成招牌，当然不止会上面说的这些“东东”。同泰祥的竹笋鳝糊的妙处在于：鳝丝鱼皮完整，毫无焦屑，肉质细腻滑嫩，但同时味道却入骨三分。

在业内人士看来，这几乎是不可能做到的：因为要想鳝丝入味，就必须煸炒到家，黄鳝经过烫杀和煸炒两道工序以后，鳝丝已经饱受摧残，肉质可以做到“绵”，这是可以通过火候控制做到的，但却难以做到“嫩”，更无法在确保“嫩”的前提下，让鳝丝入味。

■ 鳝糊的糊是要带点焦香的

■ 响油鳝糊的淋油

■ 清炒鳝糊

那么当年的同泰祥又有着什么样的妙手呢?

餐馆里烫杀黄鳝一般是几十斤，他们往往将黄鳝放在一只大桶里，在上面盖上一只竹蔑盖子，然后将开水浇下去，烫至黄鳝张口后，再将黄鳝捞出。

但这样做的问题在于，上面的黄鳝温度较高，而下面的黄鳝受热时间较长，所以往往上面的黄鳝容易破皮，而下面的黄鳝往往泡得肉质发绵（相当于煮了）。而且刚放下去的开水很烫，既无法捞出黄鳝，也无法倒出热水来。等到下得去手的时候，鳝丝早就烫绵了。

同泰祥的办法是这样的，他们设计了一只木桶，木桶的底部有一个侧开的小口，小口内部有一张铁丝网，外面塞上一只软木塞。

黄鳝倒进木桶里以后，先洒下一小碗盐去，黄鳝是无鳞鱼，盐下去当然腌得很痛，于是黄鳝们很快四处乱窜，这样本来没沾上盐的也倒了霉了，它们也只能跟着一起疼得乱窜，这就对了，要的就是这个效果！

开水在这个时候淋了下来，这可不是一般的开水，而是事先放好了

这个小秘密同泰祥守了很多年，直到抗战后被德兴馆破解。解放以后，上海餐饮业同行技艺交流日益频繁，归口到饮服公司下的餐饮同行进一步推敲印证，使得这一工艺更趋完善，这一招也成了本帮菜的响油鳝糊有别于其他帮派的最重要的核心机密。

■ 先下盐再烫杀这一步仍然被上海老饭店沿用

■ 故事故事嘛，讲讲也就算了

■ 烫杀黄鳝不是过老就是破皮

葱、姜、黄酒和米醋的一锅汤，这样烫杀、去腥、去粘液一步完成。等到看到黄鳝张开了口，迅速地拔下软木塞来，热水就会迅速从桶底的小孔内流出，而黄鳝则被那张铁丝网留在了桶内。

这就是在最短的时间内均匀烫杀黄鳝的厨房小秘密！

遗憾的是，随着本帮老字号的逐步消失，这一传统技法已经消失了，老师傅们也不愿意再说什么，也许在国营体制的“大锅饭”下，说了还不如不说。反正八十多岁的李伯荣是这样对我说的：“要不是侬提起来，阿拉也快要忘记特了，迭些就是个故事，故事故事嘛，讲讲也就算了。”

老庙黄金银楼
上海老饭店
上海老饭店
上海老饭店

本帮菜的“腔调”

本篇从美食文化的角度对本帮传统烹饪技法进行理论总结，讲述上海城市文化的“味道”与本帮菜肴具体的“味道”之间的关系。

因为如果不懂得这两者之间的关联，对本帮菜的了解可能仍然是表面的、肤浅的。

这一章的内容看上去似乎“没什么用”。

就像文学理论里常说的“工夫在诗外”一样，只有从美食文化的角度来打量本帮菜的内核，你才会大彻大悟：

为什么“老上海的味道”会是这样的。

换句话说，本帮菜的境界中最难达到的那个高度，虽然从表面上来看，好像只是一种烹饪技法，但其本质却在于：

你是否会像一个“老上海”一样去面对食材、进而去处理问题。

这就是绝大多数本帮菜馆至今仍然坚持本帮厨师最好是上海本地人的缘故。

当然，你可以不是上海人，但你必须懂得“上海话”。

而这里的“上海话”指的是本帮菜背后的那种独特的烹饪审美理念。

这才是本帮菜的神韵！

源起市井

上海话里所谓的“腔调”，就是Cool，就是拽，就是像那么回事，就是某方面很可以……

作为老上海味道的一个具体的载体，本帮菜当然必须是“哈有腔调”的。否则它就不是上海菜了。

本帮菜的这种“腔调”，是上海城市文化味道上的活化石。

中华美食以鲁、扬、川、粤四大菜系成就最高。其中鲁为“贵族菜”、扬为“文人菜”、川为“百姓菜”、粤为“商人菜”。从发端起源到最终定型，这四大菜系无不走过了一个漫长的演化过程。

而作为后生晚辈的上海本帮菜则可称为“市肆菜”。自1843年上海开埠时起直到上世纪三十年代，短短不到一百年的时间，本帮菜就已经走向了成熟。

相对于鲁菜的古朴厚重、淮扬菜的巧夺天工、川菜的俗中见雅、粤菜的富中求贵，本帮菜始终定位于“专业级别的平民菜”。只不过这些看上去很是让人起心动念的家常菜肴，却往往会让你“一听就懂、一看就会、一学

就偏、一做就错”。

因为你不知道的是，它们虽然看上去很平民、很家常，但它们的背后，往往都是有许多鲜为人知的“名堂经”的，不懂这些“名堂经”，你一定不会有所谓的“腔调”。

值得强调的一点是，这种味道上的“腔调”不是哪位上海的先贤圣人先定下调子来再推广的，它是在这座城市一百多年的发展史中，由上海的地方文化酝酿、熏陶出来的。

换句话说，这种味道上的集体记忆，是当时的全体上海人无意识中的一个集体创作，只不过借本地餐馆以及那里的厨师将其定型下来而已。而“买汏烧”的太婆阿姨们只不过是这种老上海经典味道的“票友”罢了。

鸦片战争之后，上海对外开埠，发展极为迅猛，号称“十里洋场”，中外客商云集，各地饮食业者也纷纷到此创业。率先抢得先机的是徽帮菜肴，其次是宁波帮和苏锡帮。紧接着，广帮在咸丰年间接踵而至，川帮在同治年间相继出现，淮扬帮则在光绪年间立足上海。到了清末民初，上海饮食业已经有沪、苏、锡、宁、徽、粤、京、川、闽、湘、鲁、豫、扬、潮、清真及素菜等十六个帮派的菜肴。

作为一个移民城市，虽然土生土长的上海人并不算太多，但“阿拉上海宁”的自我感觉一天天好了起来，于是他们把上海地区原创的菜肴统称

聚雅楼酒家
农家菜

为“本帮菜”，而鲁、扬、川、粤、浙、闽、徽、湘甭管你来头多大，统统称为“外帮菜”，这样上海菜就有了最早的源头。

上海的人流量和客流量差不多是在道光之后的几十年间迅速积聚膨涨起来的，离十六铺码头很近的老城厢当然也会跟着红火起来。与此同时，随着徽帮、锡帮、粤帮、扬帮等客帮餐饮的进驻，上海滩上餐饮企业的各帮各派既互相竞争、又互相学习。

在你方唱罢我登场的潮起潮落中，上海本帮菜迎来了它发展史的一个一言难尽的历史机遇——生意实在是太好做了，生意也实在是太难做了。

当时众多本帮餐馆的菜品大多是相似的，看上去像是互相仿制抄袭一样。这一方面说明了这些菜品已经逐渐为上海人所认同，另一方面也说明了这些菜品在相互学习和竞争中走向成熟。但值得注意的一点是，本帮菜馆在积攒各自的看家菜时都会有一种集体默契，那就是大家都在不知不觉中，尊重了那条“面向大众、和而不同”的法则。

这就决定了本帮菜的一大走向，那就是市井气息极为浓郁的一种味道上的上海风格。这种风格后来被人们归纳总结为“浓油赤酱而不失其味，扒烂脱骨而不失其形”。

但“浓油赤酱”这样的表述显然太过于简单，上海人的“腔调”背后显然还有更为深厚的文化渊源。

要把这种风格特征讲清楚，那就得从本帮菜起步阶段的那些看上去很土、很简单的市井家常菜说起，这样才能看清本帮菜的发展史中都有哪些元素是“不变”的，而这些“不变”的元素，才是本帮之魂。

雅俗嬗变

辨识上海的味道，要从空间和时间这两个不同维度的年轮上寻找印记。

从空间上来看，上海这座城市的年轮，是以城隍庙为中心的“老城厢”逐层向外扩散的；

从时间上来看，上海这座城市的年轮，是以商业为发端，进而向金融、文化、建筑、艺术、工业等领域一圈圈扩散的。

“时间”和“空间”这两种年轮是交织在一起的，但它们有一个共性，那就是这座城市的基本文化调性，就是所谓的“生意经”。

清道光年间，上海开埠。此前的上海除了有一个热闹的十六铺码头以外，其他的地方和任意一个江南小城没有多大的差别。但自从有了外滩和租界，这里的一切都开始慢慢地变了。

开埠之初的上海既不是中国的政治中心，也不是文化中心和经济中心，所以不像北京、广州，这个城市里的人没有约定俗成的一种既定的活法。老城厢里中国的那一套规矩，过了洋泾浜就不适用了，租界里有另外一

套规矩。在古和今、中和西的激烈碰撞间，只有一套规则是共同的，那就是商业规则。

这就是为什么后来的上海被称为“十里洋场，遍地黄金”的原因。

上海的梨园是没有贵族大户包养捧场的，所以汪笑侬、潘月樵和后来的周信芳、盖叫天们只能靠票房活着，要想活得滋润就必须迎合南腔北调的票友们的胃口，

上海的画家是没有国家级的画院供养着的，所以任伯年、吴昌硕以及后来的张大千、刘海粟们只能靠卖画为生，这也是后来广告画、水彩画、漫画、连环画、甚至月份牌大多发端于上海的原因，

只有在上海，才会出现“鸳鸯蝴蝶派”这样的文学流派；
只有在上海，才会出现“石库门”这种独特的建筑群落；
……

“生意经”是飘扬在上海的无形的空气，而“生意经”是否“有噱头”就成了衡量你在大上海能混得怎么样的一个无形的标准。

于是，“马褂”与“西服”、“胡子”与“酒窝”就这样在上海“和谐”地统一了起来，这是上海人之所以“精明”的文化基因。

开餐饮的当然也不例外，厨房里没有那么多啰啰嗦嗦的规矩，谁的菜卖得好、赚得多，谁就是老大。

在华人聚居的老城厢附近，当年的那些餐馆的衣食

父母们，大多是来自周边地区的新移民们。虽然同是江南风味，但各地的饮食习惯又多少会有些不同，比如苏州、无锡人偏甜、宁波、绍兴人喜欢糟醉，而大家都喜欢软而糯的口感。

于是一套新的思维方式不约而同地在各大餐馆里被延用了，那就是在家常菜上做大文章，做出你想像不到的新篇章来。只有这样，才会同时满足南来北往的客商的共同需求。

“精致版的家常菜”是当时上海饮食风尚的一个最大公约数，而这个最大公约数无疑就是商机！

在这一点上，本帮菜的风格形成，与海派京剧、海上画派等后来被视为海派文化的一切文化现象一样，都是当年上海滩的时空背景下的一个必然的选择……

从被动到主动、从粗俗到精致、从没规矩到有规矩，直到最终形成新规矩。

这就是海派文化。

它既需要从传统中继承一些精华，又需要在现实中创出一套新手法，不然它活不下去；

它既需要屈从于向市场邀宠媚俗，又需要尊重行业里的普遍规律，不然它也活不下去。

所有这一切都决定了本帮菜必须是雅俗共赏的、必须是既有面子又有里子的、必须是既家常又不简单的。

这是一种只属于上海的独特风格。

所以，本帮菜才会被人们视为老上海味道的代言人。

市肆之功

本帮菜有许多经典名菜，比如油爆虾、八宝鸭、糟钵头、腌笃鲜、红烧鮰鱼、红烧圈子、青鱼秃肺、四喜烤麸、八宝辣酱、炒蟹黄油、虾籽大乌参、生烧鸡骨酱……

如果从时间的坐标上来看，它们有这样几个规律：

1. 它们几乎全部集中地诞生（或定型）于二十世纪的二十到四十年代。
2. 它们几乎全部集中地诞生在几家著名的菜馆中。
3. 老百姓眼里的本帮菜馆，其菜谱基本上都有这些经典菜。

这难道是一种偶然的巧合吗？

与其他餐饮流派的发展所不同的是，本帮菜的发展史上，著名餐馆的功劳是不可忽视的。说起本帮菜中的座次，业内常有“荣顺馆的禽类、德兴馆的干货、老正兴的河鲜、同泰祥的糟货”的说法，这四家的具体情况简述如下：

荣顺馆代表了最地道的本地风味，与荣顺馆同类的还有老人和、一家

春、泰和馆等，它们以本地农家菜起家，各自在市场竞争中发挥出了自身的特色。主要成型或定型于此的著名菜式有八宝鸭、八宝辣酱、鸡骨酱、汤卷、腌氽、咸肉百叶、肠汤线粉等。这是本帮菜中的“江湖派”；

德兴馆号称“本帮菜大本营”，以李林根、杨和生为首的一批优秀厨师率先走出了“精致化”的路线，主要成型或定型于此的著名菜式有：白切肉、糟钵头、鸡圈肉、腌笃鲜、扣三丝、虾籽大乌参等。它的崛起奠定了本帮菜“学院派”的地位。

而争来斗去的诸多老正兴（主要是三家老正兴，详见《老正兴滥觞》）本是无锡鳝帮，这是本帮菜中的搅局的“鲶鱼”。主要成型或定型于此的著名菜式有：油爆虾、青鱼秃肺、红烧划水、油酱毛蟹、炒蟹黄油、红烧圈子等。正是由于当年的老正兴之争，才促使本帮菜最终走向统一的风格；

同泰祥则以“糟”字特色成为本帮名馆中的一大另类，它继承了老大同的衣钵，将“糟货”这一特色风味发挥到了极致，这也为本帮菜在“味”的追求上开辟了一个全新的天地。主要成型或定型于此的著名菜式有：砂锅大鱼头、糟鸡、糟肚、糟猪爪、糟扣肉、糟煎青鱼等。

当时上海的本帮菜餐馆，差不多以这四家为代表，但这并不意味着他们各自关起门来，只做自己的拿手菜肴。事实上，上述菜肴在哪一家本帮餐馆里都能见到，谁家做出了一道被市场广泛认可的好菜，马上就会被同

■ 顾客盈门的上海老饭店

行私下抄袭模仿，保密、留人与偷师、挖角等竞争现象比比皆是。这是一种近乎于“同质化”的竞争，而这种看上去有点乱糟糟的无序竞争，却又在不知不觉中催生出了一大批风格极其相似的菜肴，并共同孕育出了一种属于那个年代的“老上海”的餐饮特色。

从菜肴体系上来说，本帮菜的菜品虽然名目繁多，但它们在成型之初，往往都有着一个共同的价值取向，那就是“精致版的家常菜”。

这是因为很长一段历史时期以来，上海一直都是一个移民城市，外来人口较多，而这些以江浙移民为主的外地人融入当地文化最为直接的方式，就是饮食习惯上的融合。于是，餐馆就成了这种“文化粘合剂”的最佳载体。

其次，从风味特色上来说，本帮菜虽说源自于上海本地，但其主要风味特色的形成，实际上反映了各家餐馆背后所代表的各种餐饮文化的竞争与融合，而逐渐定型的本帮风味，实际上是在当时的餐饮市场竞争中筛选下来的一种集体认同。这就是为什么本帮菜会成为这座城市“味道上的集体记忆”的原因。

再次，本帮菜中的经典菜式虽然大多以“下饭小菜”为主，但这些具有江南风味特征的菜肴要想赢得一席之地，必然需要在菜肴特色上狠下工夫。而这种厨艺上的精细研究不是一般的家庭所能做到的，它们往往在制作工艺上有鲜为人知的许多小小秘密。这些“一招鲜”的厨房绝招往往成了当时各家著名餐馆的秘密武器。

所以，研究本帮菜，必须要研究本帮菜的这些著名餐馆的历史，必须要研究这些著名餐馆当时的竞争条件，这样才能深入了解本帮菜的技法特征。

餐饮江湖其实只是上海文化的一个缩影，从更宏观的层面上来看，海派文化从来就不讲什么资历、山头，甚至有时候不讲商业道德，它只讲究实用，这种多少有些"功利主义"的精明，有点像武侠小说里所说的"无招胜有招"。在哲学上，这样的一种社会意识被称为"工具理性"。

这是一种难以名状的文化现象，表面上来看，这种势利、冷漠、钻营、无情的确改变了许多原有的质朴、温情、包容与和谐，但撇开道德意义来看，恰恰是这种冷酷无情的竞争，成了死水一潭的旧中国里推动历史进步的有力杠杆。

不管你是不是喜欢，上海的崛起就是建立在这样的一种一言难尽的文化品格之上。

具体到餐饮业来说，只有在当年的上海，才有可能诞生这样的一批餐馆，而正是因为有了这样的一批拥有独特地域文化的餐馆，才造就了这样一批带有鲜明上海特色的本帮风味：

它的功利决定了它必须是亲民的、市井的、讲求实惠的；

它的精明决定了它必须是细腻的、内敛的、暗藏窍门的；

总而言之，本帮菜的内核很清楚，那就是——

"简约"而不"简单"、"洋气"而不"洋盘"。

话说红烧

在朋友面前显摆自己的厨艺水平，往往会是一场极具生活气息的温馨大比拼。

不过，不管这桌菜最后是如何丰盛，也不管主人最终用了多少种烹饪手法，关于做菜这一过程的描述，北京人往往会统称为“炒”、广州人往往会统称为“煮”，而上海人则往往会统称为“烧”。可见不同地域的人们，往往会对某一种烹饪技法情有独钟。

在上海，“烧”其实特指红烧。这种常见的烹饪技法在上海被推广到了一种极致，以致于在外地人看来，上海人做菜，几乎都是一个套路，那就是“左手酱油瓶，右手糖罐子”。这种描述给人的感觉，似乎是只要你不断地往锅里放糖放酱油，这种“浓油赤酱”的感觉会被营造出来，于是这道菜就很“上海”了。

事实上，即使是最最地道的上海人，也受不了这样甜得发腻的味道。这完全是不懂做菜的小文人“为赋新诗强发愁”的一种做作的诗意。

真正的上海红烧菜式，其实根本不是一甜到底的。一般来说，它追求的是一种“甜上口、咸收口”的细腻而有层次的味感。至于吃到嘴里的口

感，那就更富有江南地方特色了，上海人最喜欢的，是一种柔腻细滑的感觉，江南一带，普遍把这种感觉叫做——“糯”。无论是全素的青豆泥、素蟹粉、桂花糖藕，还是全荤的红烧肉、八宝鸭、大乌参，上海人对“糯”的境界追求，莫不如此。

“糯”是一种无筋无渣、入口即化的口感；但这种看似柔弱无骨的背后，却透着一种“百炼钢化为绕指柔”的执着；这就像江南的绿竹，看似弱不禁风的纤细，实则风骨傲然地坚韧。

不了解江南文化的人，可能很难理解，为什么上海人会对“糯”的境界有如此高的要求。

记得当年巩汉林红极小品舞台的时候，那种带着明显江南口音的小男人形象（或者干脆说白了，就是上海小男人形象），被刻意地经过了“艺术”化的再加工，于是上海男人在外地人的心目中就被简单地固化成了一种特殊形象：“排骨架、麻雀嘴、老鼠胆、小鸡肠”。

这的确是上海男人市井习气中不那么光彩的一面，但人们可能忽视了上海所代表的江南文化的另一面。

江南一带自古就是物产丰饶、人才辈出的地方，这里虽然少有“膀大腰圆、虎背熊腰”的“男子汉”，但江南人骨头的硬度，是尽人皆知的。

这就是为什么这里有过“扬州十日”，这就是为什么这里有过“嘉定三屠”；

这就是为什么“天下兴亡，匹夫有责”的口号最早在这里叫响，这就是为什么江南的古民居里，家家户户都挂梅兰竹菊四条屏；

从晚清的陈化成到民国的姚子青和谢晋元，他们虽然都不是上海人，但如果他们背后的上海人都是软骨头，他们不可能做出“宁死不降”的悲

■ 红烧扎肉是上海民间的特色（摄于朱家角放生桥）

壮决定。

我们常把“中庸”理解为一种“和事佬”般的圆滑。但实际上，儒家文化中的“中庸”我们并没有真正读懂。“中”就是“不偏”，就是不用偏激的方式看待问题；而“庸”则是平淡，是如常，是坚守，是“不易”，是不因为外界的诱惑和压力而改变。

这是江南文化中柔而韧的一面。

而江南的另一面，则是精致的、秀美的。

这里有“小桥流水人家”式的优雅，也有“市列珠玑，户盈罗绮”的富足。江南独有的山水和文化，使得这里的人们自然而然地讲究一种内在的、骨子里头透出来的美。

从杭州山水到苏州园林；从扬州玉器到上海旗袍；从风流才子到绝代佳人；江南人总是喜欢用这种内敛式的张扬，来表达他们内心细腻而丰富的情感。

相关链接

烧是水烹法中最精细、最复杂、最有特色的一种技法。它要经过两种或两种以上的加热方法才能完成制品，烧的烹调流程很不统一，操作方法各不相同。一般地来说，将加工洗净的原料，通过多种方法预制，初步处理为烧的半成品，然后放入锅中，加调料和适量的水或汤，用火烧熟成菜，前后共两大类工序，后一道才叫“烧”。没有经过这后一道工序，不能称为烧法。在这道工序中，又分为旺火烧开、中小火烧透、大火收汁这三个阶段，由于主料性质和调味料的品种不同，菜的质感、口味的差异很大，这就形成了不同的特色。

烧这种工艺，又可再细分为干烧、软烧和红烧这三种，其中以咸中微甜的红烧对火候和调味的要求最高。

而上海不同于苏州、扬州、杭州的地方在于，这是一个讲求实用的城市，这种细腻表现在本帮菜中，就是“既有面子又有里子”，就是“既好看又好吃”。

这两者是完全不矛盾的。因为只有真正热爱生活的人，才会真正勇敢地保卫这种幸福。

因为粗犷而豪放，北方的烹饪擅长武火的“爆炒”；

因为细腻而坚韧，江南的烹饪擅长文火的“红烧”。

这就是为什么上海人会把“红烧”烧出一个境界来的最原始的创作动力，这也是为什么上海人对“红烧”这一技法情有独钟的最根本的文化基因。

不懂这个道理的人，是不会烧出“糯”的感觉来的；不过光懂得这些大道理的人，也未必烧得出“糯”的最高境界。

“糯”的最高境界，是一种美妙到实在无法用语言来表述出来的感觉。在上海方言里，人们习惯于用这样一个字来表达，那就是——“嗲”！！！

上海红烧不同于其他地域的红烧，它的特殊性在于它要烧出所谓的“自来芡”来。

红烧是上海阿婆人人都会的手艺

什么是“自来芡”呢？就是不加芡粉，完全用食材本身和调味料，自然而然地通过火候的变化，酝酿出一种独特的质感和味道来。

这种质感可以表述为“浓稠如胶、滑润似漆、不卷不破、无筋无渣”。

这种味感可以表述为“甜上口、咸收口、主味醇厚、馥郁香浓”。

红烧是有境界之别的，这就像汉字人人会写，但写到右军大令、欧颜柳赵、苏黄米蔡那样的境界，才称得上“嗲”。

不过，只用形容词显然是堆砌不出这种境界来的。要把本帮红烧烧到浑然天成的“自来芡”境界，固然有一些鲜为人知的窍门，但归根结底，你得用上海人的思维去思考什么叫以人为本，什么叫雅俗共赏，什么叫巧夺天工，什么叫道法自然。

浓油赤酱的“酱”

人们常用“浓油赤酱”这样的词来形容上海本帮菜，尤其是这个“酱”字，特别诱人食欲。

虽然上海的很多菜式看上去都是红艳艳的，味道也大多是咸鲜微甜的，但不同的菜品里，这种“酱香”的味道却有许多鲜明的个性差别：

油焖春笋里，这种“酱香”是中正醇和的；
四喜烤麸里，这种“酱香”是略带五香的；
红烧划水里，这种“酱香”是清鲜活泼的；
红烧鮰鱼里，这种“酱香”是馥郁浓厚的；
八宝辣酱里，这种“酱香”是鲜甜爽辣的；

这就是中国哲学里的“和而不同”。而这种种既彼此相似，又个性鲜明的各类酱香，只可能诞生在上海，也只有上海的厨师才会在一个“酱”字中折腾出这么多种花样来。

上海这座城市的味道本身就是一种难以言说的“复合味”。

你可以说它土洋结合，也可以说它不中不西；你可以说它荒诞不经，也可以说它自成一脉；总之，在中国各大城市中，上海的味道的确是有点不伦不类，从晚清那会儿起，人们就把这种文化现象称为“海派”。

“海派”一开始的时候完全是个贬义词，那会儿“海”是个什么意思呢？就是不着边际，就是没有规矩，就是胡闹乱来。

上海的历史中的确有过“冒险家的乐园”这么胡来的一段。但上海人也一直在这种动荡中找寻新的平衡，从而订立了一套只属于这个城市的各种新规矩。

打个比方来说，如今人们都知道上海人做的旗袍是最能体现中国女性风韵的一种服装样式，但它不是一开始就有什么“裁片、缉省、归拨、牵带、滚边、合肩、装袖、夹里、装领”这么一整套工艺流程的。那会儿上海的裁缝们只是希望把旗袍做得更好看而已，但他们的师傅也就是满清贵族没那么多讲究，于是这些上海裁缝们只好自己由着性子“胡来”。结果，这帮上

海人真的把旗袍做得比满清贵族还要好了。

有人说，海派就是海纳百川、拿来主义。其实不尽然，那会儿上海的新花样、新玩意儿太多了，拿什么、不拿什么，拿来以后干什么，上海人其实是有一套约定俗成的想法的。那就是只拿我需要的东西来，尽管这个东西可能还不完全符合上海人的审美观，但是不要紧，我们先学习、研究、消化它，在这个过程中，上海人会由着性子来一点点地改造它，最终做出一个更好的、具有上海味道的新东西来。

这就好比是一个大酱缸，先得按你想吃什么的意愿来挑选你想腌渍的东西，然后在这口酱缸中腌它一腌，结果腌好的食材就变成一种新的味道了。

海派京剧如此，海上画派如此，海派文学如此，上海的本帮菜也同样如此。

本帮菜的“酱香”就是这种海派文化的产物。

之所以会有这么多种既相似又不同的“酱香”出来，是因为上海人喜欢“酱”这种感觉，这样的鲜亮红艳的质感看上去很舒服，吃起来又很实惠，既有面子，又有里子。于是，这就刺激了上海人对这种特殊风格进行更为精细的研究，这是市井文化的双重功利性决定的。

上海的酱香是一种独特的、具有上海风情的复合味。

它显然不是川菜里的豆瓣酱或者京鲁菜里的黄豆酱，因为任意一种半成品的酱，在上海人看来，都是不够承载他们那种复杂的味感需求的。

他们把能取到的各种酱料都取来，然后按自己的口味习惯，在酱油、

甜面酱、黄豆酱、豆瓣酱里再加上油、盐、糖、醋、辣椒、香料………等等等等，然后再根据不同的食材本味，配上不同的酱香。这些简简单单的调味品也随着投料先后、配比多少、火候大小，而变化出各种不同的风味来。这些风味再经过一代又一代的厨师和食客的反复磨合，最终演变成为一种上海经典味道，并记在每一位老上海人的脑海里。

所以，如果一个厨师不是上海人，那么他脑子里肯定没有这样一个味道标本，他肯定做不好本帮菜；而本地的老厨师也有他的难处，因为这样的味道标本无法用语言文字准确地表达出来，他只能靠口传心授的方法慢慢带徒弟，就这样，最终还得要靠徒弟自己去体悟。

但问题是，现在想要一步到位地得到这种经典上海味道的人实在是太多了，这种口传心授的老法子实在跟不上工业化和城市化的扩张步伐。

于是，在网络、书刊、杂志和无数热情高涨、但又没有厨艺经验的"文学爱好者"们的帮助下，这些经典的上海的味道不可避免地离我们远去了。

更可悲的是，我们离这种味道越远，想帮忙的外行就越多，而声音越吵杂，就越闹不清到底哪一个才是真正懂行的。

不知哪位高人说过这样一句话："当市场里的大妈们都在讨论股票时，股票还有价值吗？"

的确如此！

“火候”是人与天的对话

本帮菜虽然不像川菜、湘菜那样遍地开花地开馆子，但至少它得开得有“有腔调”，那些菜肴真正具有“老上海”的味道（而不是“看上去有那么点意思”）。

不幸的是，如今绝大多数本帮菜馆，甚至是开在上海市区里的新本帮菜馆，都没有这种“腔调”（更不用提那些靠“图文并茂的有趣菜谱”来撑腰的本帮菜“粉丝”们了）。

本帮菜的腔调首先应该是体现在菜肴风格上的，其次才是作为“花头”的装修风格、桌椅餐具、装盘围边什么的。但现在不少开餐馆的人显然本末倒置了，这些“花头经”是越搞越“有噱头”了，而真正菜肴上的名堂和讲究却不明就里。

这里值得一提的事情当然有很多，但其中灶头是最不起眼的一个重要细节。

你会说灶头就是灶头呗，只要接上煤气能开火，哪个灶头不能烧小菜呢？

这么说话的人往往是不懂本帮菜的。灶头这个小小的细节，往往是不明就里的餐馆最容易犯的大错误。因为他不知道本帮菜的许多操作步骤，其实都普遍地隐去了一句潜台词，那就是如何用火，或者是说用什么样的灶头。

饭店里常用的灶头都是使用加压煤气的，但灶眼的设计却大有名堂。常见的灶头是只有中间一个大孔，大孔四周一圈细孔的“港式灶”。而“本帮灶”的设计则不同，它的灶眼是由数圈同心圆状的细密小孔构成，火力可以从大到小来调节，但不管是大火还是小火，都可以保证锅底的受热均匀。

关于本帮灶头的设计，专业性太强，不过其原理倒也不难，那就是一切都得为做出来的菜服务。所以，设计本帮灶之前，必须对本帮菜的火候要求有着深入的理解。

本帮菜中绝大部分都是火功菜（当然，调味是否地道也很重要，不过这是另一码事），所以设计灶眼时就要知道本帮菜需要什么样的火候条件。

本帮菜是在长期的市场竞争中逐渐被淘汰、优化而来的。这种风格很难从烹饪工艺学的角度来进行概括性的描述，就像方言的魅力一样，你明明可以感受得到，却很难将它用一句话表述出来。

上海人往往用一个“烧”来泛指所有的烹饪加工过程。而在本帮菜中，“烧”和“炒”往往是不太分得开的，这可以从许多本帮名菜的菜名变迁上看出来，如“红烧肉”原名“炒肉”、“红烧圈子”原名“炒圈子”，等等等等；而另一方面，菜名中指定为“炒”的菜式，往往也不是像北方人想像的那样，它往往是带有一定的“烧”的成分，比如“炒鳝糊”，实际上是先焖烧入味，最后再大火收紧。

这就是本帮菜技艺中独具魅力的手法：“炒不离烧，烧不离炒”。这与本帮菜的成菜要求是分不开的。

本帮菜的秘诀之一，就是所谓的“入味”。

什么叫“入味”呢？它至少包含了三个层面的意思：

其一，成菜的主身本身必须具有浓郁的风味，而不是仅仅汤汁有味；比如某些饭店里的咖喱牛肉或者糖醋排骨往往就是不够“入味”的，因为它们很可能是将主料先白煮成统一的半成品，再根据客人需要的味型加调味品烧一下。

其二，成菜必须使主料、配料与调味料共同复合成一种迷人的“新”

味道；比如红烧肉、糖醋排骨、醋椒鳜鱼、八宝辣酱等，这些菜式在主料还是生的时候，你完全不可能料到最后会出来什么样的味觉效果，但如果你的操作步骤是对的，成菜就会“自然而然”地复合出一种全新的美妙味道。

其三，成菜味感的美必须与口感的美达到一致；你不能说“红烧肉味道还不错，但瘦肉太老了”、“鳝糊的香型很好，但鳝丝烂了”，这可不算是“入味”。

既要入味，又要保证主料的口感，这就是火候上的学问了。

在同一食材面前，不同大小的火力和不同长短的时间，会使菜肴的味道产生出不同的效果来。而只有“烧”，也就是用文火来加热，这些食材的

相关链接

有趣的是，本帮灶头是上世纪八十年代，也就是上海“煤改气”那会儿，由一帮上海的厨师设计出来的。他们可能没学过机械工程、电子工程，但这也许并不重要，重要的是他们的设计思想是从厨房实战的角度出发的。他们可能只会画出一个示意性的草图来，但有了这个蓝本，工程师们就知道接下来该怎么办了。

由此，笔者联想到现在家庭里常见的煤气灶，这显然是“工科生”出品的：大火时火力还算均匀，也能调节。但改成小火时，往往只剩下中间一个蜡烛头一样的火头，而且这个火力还真的不够文弱，更谈不上均匀了，这样许多火功菜是烧不出来的。从实际效果上来看，它可能还不如一只可以自由调节火力大小的电磁炉。

笔者曾经跟某燃气灶生产厂家提出这个问题，可能是人微言轻吧，这一席话似乎什么也改变不了。

其实，燃气灶生产厂家真的应该好好地研究一下烹饪工艺学。“煎炸熘煸爆贴淋炒，蒸煮煨炖汆扒涮烧，烫炝焗焐烟卤熏烤，醉冻酱拌风霉泡糟”，这些常见的烹饪手法背后，往往都暗含着不同的加热条件。尽管这些学问看上去与生产灶具的那一套“实用”性的机械电子工程的手艺不太一样。但是，不懂得烹饪工艺学，你怎么能设计出老百姓需要的、“最好用”的灶具呢？反过来说，比起光在电视广告上吼“销量遥遥领先”来，弄懂烹饪工艺学之后，再设计出更为实用的灶头，这可管用多了。

从这一点来看，当初的本帮灶头不是由工程师设计出来，而是由厨师设计出来的，就更值得玩味了。

味道才会“有机”的进行复合。

所谓“有机”的复合，就是兼收并蓄、就是取长补短、就是求同存异、就是让这些“本来不是一家人”的味道，慢慢地结合起来，最终柔腻为一地融为一体，成为一种不同于任何食材本来的味道的“全新的味道”。

这就需要用均匀而且文弱的火候“润物细无声”地慢慢地来做这些主料、配料和调味料的“思想工作”，这样才会使它们“心往一处想，劲往一处使”。这是一个水到渠成、自然而然的过程，来硬的显然是行不通的。

这就是中国哲学里的“和”。

但只有“烧”是不够的，因为本帮菜还要求成菜的质感（包括外观质地和入口的口感）要美，所以汤水淋漓的菜式是“上不得台面”的，那就需要“炒”。

人们常常把“炒”这一步通俗地说成是“大火收汁”。其实收汁并非如此简单。这是一道菜最后的收官之笔。它既可以是一道成菜锦上添花的美化，也可以一道成菜是敷粉施朱的补救。

而最难做好的，就是这个补救工作，因为做菜时汤水、火候、时间这三者是互为因果的，任意一项的变化都可以通过其他的两个选项的相应变化来进行调节。所以灶头上有“阴阳火”（一半锅坐火，另一边离开火头）、“围城火”（只用外圈大火）、“窝心火”（只用中间部位大火）、“明暗火”（先盛起主料来，单烧汤汁）的小小讲究。

本帮菜的魅力正在于火候。火候是厨师与自然的对话，是味之一道所独有的“语言”。弄懂了这个灶头背后的设计原理，可能会有助于你更加深入地了解本帮菜的神韵。

“本帮”正义

在百度上，“本帮菜”词条是这样描述的：

“本帮菜是上海菜的别称，是江南地区汉族传统饮食文化的一个重要流派。所谓本帮，即本地。以浓油赤酱、咸淡适中、保持原味、醇厚鲜美为其特色。常用的烹调方法以红烧、煨、糖为主。后为适应上海人喜食清淡爽口的口味，菜肴渐由原来的重油赤酱趋向淡雅爽口。本帮菜烹调方法上善于用糟，别具江南风味。”

从学术角度出发，这个定义是极其模糊的。

所谓“本帮菜是上海菜的别称”一说根本不成立，因为“上海菜”显然包含的范围更广，在上海的餐饮史上，海派川菜、海派淮扬、海派素菜、海派西餐、新派粤菜等也都曾一度风行沪上，它们显然是“上海菜”但不算“本帮菜”。

如果说“本帮”即“本地”，那么上海这个城市只有140多年的历史，这个“本地”指的又是什么时候的“本地”呢？中国哪个菜系没有几只“咸淡适中、保持原味、醇厚鲜美”的名菜呢？即使是个性特色极为鲜明的川、湘菜系中，也有许多名菜是符合这个特征的。

您可能会说，“本帮菜”就是个约定俗成的概念罢了，反正老百姓心中都有一本账的，搞那么严肃吓唬谁呢？

“本帮菜”这个概念诞生那会儿的确也是这么简单的，那纯粹就是老上海人的一种相对比较随便的说法而已，他们实际上的意义指的是被上海城市文化普遍认同的一种风味特征的菜肴群体。

不过要从学术上把本帮菜界定清晰，也并不是一件容易的事。因为从美食文化的角度来看，上海这个地域的相关传承最为复杂。

首先，上海开埠只有一百多年，历史上它就是一个移民城市。它不可能像鲁菜、淮扬菜、川菜和粤菜那样具有相对独立的、漫长的演化史。这个城市的文化本来就是在借鉴学习、消化吸收的基础上逐渐形成自我风格的。

其次，上海菜肴的风味与其他各菜系之间的关系本来就是你中有我、我中有你，很难有一种严格的区分方式来表明某一风味到底是不是“上海”的。

再次，上海在不同的历史时期出现了不同的代表菜式，比如清末时期的青鱼秃肺、民国初年的烟熏鲳鱼、解放后的荣华鸡等，哪些能够代表上海的味道也是一言难尽的。

有趣的是，在美食文化圈以外，普通老百姓们对于上海菜的风格，尤其是上海的“本帮菜”是有着明确概念的。“上海菜”、“海派菜”是什么，可能一下子很难表达清楚，但“本帮菜”是什么，老百姓心目中是有一个蓝本的。

他们可能说不出什么学术化的名词，但什么是“老本帮味道”，什么不是“老本帮味道”，他们会毫不犹豫地一一指明，且相当自信。

比如，“油爆虾”算是本帮菜，但同为风行上海的菜肴，“咖喱鸡”、“罗宋汤”则不算；再细化一下，同是江南风味，“生煸草头”算是本帮菜，但“毛豆炒咸菜”则不算。

这就说明，在上海人的心目中，不管这些菜肴的来历如何，确实有一些菜肴的风味特色，已经固化成了他们的一种味道记忆。这种足以代表上海这座城市的“味道上的集体记忆”具有某种相同的共性。虽然这种共性很难用学术化的语言表达出来，但每一个上海人都能清楚地感受到这种共性是什么。

造成“本帮菜”说不清楚的根本原因在于，以往的概括性的总结往往

都是从烹饪技法这个相当狭窄的角度来切入的。而上海本帮菜的烹饪技法本来就是与其他帮派互相渗透关联的，这样切割不可能分清楚。

真正能够将“本帮菜”与其他菜系区分开来的，应该是美食文化背后的上海地域文化。在中国的各大城市中，上海的地域文化是具有极其鲜明的特色的，而“本帮菜”从一开始就是这种独特的地域文化的产物，因而不管“本帮菜”的具体菜肴是不是由上海人发明创造的，它们必然具有上海地域文化独有的烹饪审美理念。

所以“本帮菜”的定义应该换一个角度，从烹饪工艺学角度跳开，升华到美食文化的高度来看。这样才能对“本帮菜”进行清晰的定义。

笔者认为，本帮菜的定义，应当包含下列三个层面：

1. 本帮菜是上海“海派文化”的衍生文化分支，其“精致且实惠”的共性具有鲜明的上海城市文明特征。

2. 本帮菜是江南风味中经过雕琢的“市肆菜”，其典型特征为：烹饪原料家常化、烹饪工艺职业化、风味特色地域化。

3. 本帮菜由一整套经典传统菜点构成，这些具有鲜明上海特征的菜

点构成了上海地域文化“味道上的活化石”，并已形成上海这座城市“味道上的集体记忆”。

关于本帮菜的定义，是笔者在多年观察、研究中总结出来的。这一学术定义征求了许多本帮前辈厨师和食文化研究者的意见。

试分解如下：

1. 本帮菜是海派文化的衍生文化分支，那么它必然带有上海人的许多思维方式。本帮菜的绝大部分菜点是符合“精致且实惠”这种上海思维共性的。

比如早期的老本帮菜“烂糊肉丝”，其实并不是像人们想像的那样用肉丝和黄芽菜做一锅烂糊糊就可以的；同时期的名菜“八宝辣酱”，不仅在味型上独有建树，而且从造型上来看也不是胡乱装盘的，它是炒好后装在一只碗里再扣出来，这样显然更为美观精致。

比如中期的本帮菜“红烧划水”，讲究卤汁要有“一指芡，一线油”；同一时期研制的新品“炒圈子”、“油爆虾”、“八宝鸭”等菜式也都符合“精致版的家常菜”这一规律。

当然，本帮菜发展到鼎盛时期的“青鱼秃肺”、“秃蟹黄油”、“虾籽大乌参”可能不算家常了。但那个年代，上海的经济水平早已成为全国的领头羊了，而且这些为数不多的例外，也是沿着本帮菜风味特色的路子发展过来的。它们仍然是上海这座城市的文化所独有的“副产品”。

2. 本帮菜是江南风味中经过雕琢的“市肆菜”。本帮菜之所以被人这样统称，是因为这些菜式大多由当时上海的著名餐馆推出，这才使得它具有了短时间内的推广效应。如果像淮扬菜那样由私家厨房研制出来，在短短的几十年间，它是很难得到上海人的集体认同的。

这就不用再举例了，因为你几乎举不出一道不是由本帮菜馆推出的经典本帮菜来（本帮红烧肉可能是半个例外，请参阅《不得不说的红烧肉》一文）。

3. 本帮菜是上海这座城市“味道上的集体记忆”。这一点争议颇多，只是目前在上海食文化研究会内已达成了共识。

就像回锅肉算川菜，但辣椒炒肉就不算川菜一样。当“本帮菜”作为一个学术名词来界定的时候，它必须跳出上海，从全国的高度来看，而不再是由上海人来“自说自话”了。只有特色鲜明且符合共识的，才能纳入本帮菜的范畴，因为作为一个菜系，它的经典名菜必须是没有争议的。

如今市面上新开的本帮菜馆往往会把江南民间小菜也纳入本帮菜的范畴里来，比如“毛豆炒咸菜、蒜茸米苋（苋菜）、葱油大排”，它们看上去很“上海”，但问题在于这样的家常菜在江南一带比比皆是，如果这些菜也算是本帮菜的话，那么本帮菜就“浪得虚名”了。

还有一些比如“红烧黄鱼、粉蒸鮰鱼、干烧明虾、葱油鲳鱼、走油蹄膀、麻酱腰片”这样的菜式，它们的确曾经在本帮菜馆中出现过，也的确带有一定的上海特色，但毕竟影响力太小，除了正宗的“老克勒”，外地人往往不知道，而且这些菜式的风味特色往往也不够鲜明。

但争议的另一方认为，第三点“味道上的集体记忆”过于严格，有待进一步推敲。因为本帮菜的构成也是有一个金字塔的，“家常菜”这个塔基尽管特色不是非常鲜明，但它毕竟也是本帮菜体系的一部分。

好吧，我尊重这种宽容的心态，尽管我仍然保留我的见解。

写下这一段后记的目的在于：尽管此文推敲长达十年，但仍然可能是一家之言，远远没有达到盖棺定论的时候。笔者希望以此文抛砖引玉，在食文化领域展开更规范的学术研讨，并在此诚恳地敬请各位方家争鸣或斧正。

跋

“吃货”也是需要“修炼”的

如今的人们都喜欢当个“吃货”，每到饭桌上，往往滔滔不绝地显摆一些美食知识。

这当然是件好事，美食之“美”从来不是从天上掉下来的。只有懂得欣赏美食中的那个“美”字，我们的食文化才有可能发扬光大。

但不幸的是，如今的“吃货”们似乎只注重这个“显摆”和“炫耀”的过程，至于“钢铁是怎样炼成的”，在他们看来似乎并不重要。他们中的很多人是没有下过厨房的，甚至都没有吃到过真正的可以称得上“美”的美食，更不要提在这一行里有多大的见识了。

美食看起来没多高的“门槛”，好像只要是个“吃货”就能说上几句，但事实上美食之道有着极为丰富的内涵。在人类所有的视、听、嗅、触、味等感知器官中，中国人唯独把味觉所感受到的那个客体，称为“味道”，这显然是意味深长的。

一个合格的美食研究者，必须掌握“烹饪原料学”、“烹饪工艺学”、“烹饪化学”和“烹饪营养学”这四门基础课。

这可不是一件容易的事，中国的烹饪原料有上万种，其中仅动物类原料就可分为家畜类、家禽类、兽类（野味）、鸟类（野味）、爬行类、两栖类、蛋奶类、海水鱼类、洄游鱼类、淡水鱼类、虾蟹类、软体类、虫类,等等。而每一大类中都有很多具体的食材,每一种食材又按品种不同、产地不同、时节不同、饲养方式不同有各种细分,要弄清楚它可真不简单。

烹饪工艺学就更复杂了,仅仅是“红案”上就有“煎炸熘煸爆贴淋炒,蒸煮煨炖氽焖涮烧,酿炝焗烫风腌焙烤,醉冻酱拌熏卤泡糟”之分,这还只是顺口,还远远算不上全,就算把这些技法都说全了,也才说了一半,还有另一半是“白案”,这是与“红案”不相上下的另一大门类……

这四大基础课只是美食之道的科学部分而已,而“味”之所以能被称为“道”,是因为它是科学、艺术和哲学的完美结合。

所以,你必须文理兼修。也就是说,除此以外,你还得再学习相关的历史、地理、民俗、方言、美学和哲学,这就更加复杂了。

总而言之,美食不像人们通常想像的那样简单,它是有学问的,而且是一门庞杂无比的大学问。天南海北的胡吃海塞也许只能算是一种美食体验,最多算是“小资一把”地享受生活乐趣,离真正的美食还差得很远。而一个真正喜爱中华美食的人,是不应该止步于此的。

因为“大道至简”,所以中华美食中的许多菜式上手并不算太难,这就是谁都觉得自己“不算外行”的原因。

但是在中国哲学体系的基石《易经》中,“易”这个字是有三层含义的,除了“简易”之外,还有“变易”和“不易”。

具体到美食上,“简易”说的就是上手简单,很容易有成就感,但“简易”却并不只是简单,事实上往往是越简单的就越复杂,比如做厨师的第一步就是“放盐”,等到成了大师,他面临的最大问题仍然是“放盐”。

而“变易”就是厨艺里的讲究,这就已经是普通人所难以达到的高度了,有时候厨师一辈子都未必能把握好这个“变易”。

但比这更难的还有“不易”,就是从各种“变易”中看出规律来,而规律是“不易”的,你可以把“不易”理解为“不改变”,也可以直白地把它理解成“不容易”。

打个比方来说吧:“吃货”往往会津津乐道于“杜月笙的糟钵头情结”,这的确是个有趣的美食轶事,而糟钵头的做法看上去也的确挺简单的,只要将猪肺、猪肚、猪心等内脏煮好切好,配上笋块再烧成浓汤,最后淋上一勺香糟卤,放上青蒜叶或韭黄段就行了。

请你先试着去德兴馆或上海老饭店这样的名店里吃一下,然后再回家

做一下，你很可能会发现它们味道上的差别是很大的，原因当然在于各种细节里（关于那一勺“糟卤”背后的细节，笔者就写了好几篇，尽管这种解说性的文字还不是味道本身）。

中华名菜中的每一道经典名菜，都不会浪得虚名，它们几乎无一例外地经过了许多年甚至许多代人的反复推敲，这样它才有资格成为味道上的“经典”。这种“经典”是值得每一个人去尊重和敬畏的，因为从某种程度上来说，这些经典名菜是我们这个民族在味道上的“文化基因”。

动辄否定“经典”的人，一定是不学无术的。因为他们深知，这条路太难走了，要想找到“成名成家”的捷径，第一步就必须先要否定“经典”，这样才能立起一个新的标杆来，而这个“时髦”的新标杆是没有具体标准的，谁嗓门大谁说了算。这一点不光美食界如此，音乐、舞蹈、绘画、书法等艺术门类莫不如此，你去看看，那些光怪陆离的“行为艺术”大师们有几个真正懂艺术的呢？创新也是需要根基的，如果你一点武术功底都没有，“无招胜有招”之说又从何而来呢？

所以，要想成为一个“优秀”的“吃货”，你必须要深入地了解“经典名菜”。

当你发现某一道名菜“不好吃”的时候，你最好相信“那是厨师不敬业”，而不是妄下断言“老菜式过时了”。而你发现的那些“很好吃”的“创意菜”、“迷宗菜”、“时尚菜”，只是遵从了美食之道而已，它们最多是走在成为“经典”的路上。

最后要说的一点是，要想真正地弄懂美食之道的奥秘，一个“吃货”最好还是要动动手去做一下。

我们常说“知识就是力量”、“知识改变命运”，其实躺在那儿不动的知识是“阴”，而只有人才是“阳”，知识如果没有人去践行它，是不可能转化为力量的，更别提什么改变命运了。

所以，最好别满足于做一个“只会卖嘴”的“懂行的吃货”，如果不能亲自践行这些美食之道，那么你的“道分”还差了最后一口气的。

我们现在都很注重“学习”。但现在这个词的意思几乎只剩下“学”了，其实后面的“习”才更重要。“学而时习之”的这个“时”不仅仅是“经常”的意思，还有“应时”的意思。如今全中国的人都在圆中国梦，这就是“时”，现在到了真正理解我们本民族饮食文化的时候了。而这个“习”，是应时而作，是“有所为”的主动实践。只有把握了这两点，你才会真正体会到什么叫做“不亦乐乎”。

大道至简，知易行难。这才是真正的美食之道。

仅以此与各位真正热爱中华美食的“吃货”们共勉！

地址：上海市闵行区号景楼159弄C座7F

电话：021-64515005

图书在版编目（CIP）数据

本帮味道的秘密 / 周彤著 —上海：学林出版社，2022

ISBN 978-7-5486-1908-6

Ⅰ.①本… Ⅱ.①周…Ⅲ.①饮食–文化–上海市 Ⅳ.①TS971

中国版本图书馆CIP数据核字（2022）第243143号

责任编辑——李沁笛

装帧设计——上海梦奇平面设计工作室

本帮味道的秘密

周彤 著

出 版 学林出版社
（201101 上海市闵行区号景路159弄C座）

发 行 上海人民出版社发行中心
（201101 上海市闵行区号景路159弄C座）

印 刷 上海光扬印务有限公司

开 本 720×1000 1/16

印 张 14.5

字 数 24万

版 次 2023年1月第2版

印 次 2024年2月第2次印刷

ISBN 978-7-5486-1908-6/G.733

定 价 68.00元